图说黄瓜栽培与病虫害防治

宋铁峰　主编

U0336628

中国科学技术出版社
·北　京·

图书在版编目（CIP）数据

图说黄瓜栽培与病虫害防治 / 宋铁峰主编 . —北京：
中国科学技术出版社，2020.12
ISBN 978-7-5046-8678-7

I.①图… II.①宋… III.①黄瓜—蔬菜园艺—图解
②黄瓜—病虫害防治方法—图解 IV.① S642.2-64
② S436.421-64

中国版本图书馆 CIP 数据核字（2020）第 086913 号

策划编辑	王双双
责任编辑	王双双
装帧设计	中文天地
责任校对	焦　宁
责任印制	徐　飞

出　　版	中国科学技术出版社
发　　行	中国科学技术出版社有限公司发行部
地　　址	北京市海淀区中关村南大街 16 号
邮　　编	100081
发行电话	010-62173865
传　　真	010-62173081
网　　址	http://www.cspbooks.com.cn

开　　本	889mm×1194mm　1/32
字　　数	133 千字
印　　张	6.625
版　　次	2020 年 12 月第 1 版
印　　次	2020 年 12 月第 1 次印刷
印　　刷	北京盛通印刷股份有限公司
书　　号	ISBN 978-7-5046-8678-7 / S・768
定　　价	42.00 元

本书编委会

主　编　宋铁峰

编　委　赵聚勇　李晓红　刘永丽
　　　　赵丽丽　杨　光　赵　越
　　　　陈忠有　王国政　张荣风

前言

Preface

　　黄瓜自汉代就在我国栽培。进入 21 世纪后，我国黄瓜栽培面积达 200 万公顷，总产量在 2 000 万吨以上，栽培面积和产量都占世界的 60％以上，是世界上黄瓜生产面积最大、总产量最高的国家。

　　黄瓜营养丰富、味道清香、生熟皆宜。除了食用以外，黄瓜种子粉有一定药用价值、黄瓜片敷面可以美容，所以黄瓜深受人们喜爱。改革开放以来，黄瓜生产获得快速发展，由露地栽培为主转变为设施栽培为主，实现了黄瓜周年供给。伴随着栽培面积的扩大和生产方式的转变，生产中也出现了很多问题，主要包括新的生产者学习种植黄瓜较难、高效栽培技术普及不够、病虫害发生严重、新的病虫害不断发生危害、病虫害诊断困难及农药化肥过量使用等。针对我国黄瓜生产现状，笔者认为有必要结合生产中的变化编写一本新的内容全面、便于读者掌握的黄瓜栽培与病虫害防治书籍。

　　本书较全面地介绍了黄瓜栽培的各项技术，主要包括黄瓜品种选择、黄瓜育苗技术、设施环境调控技术、植株调整技术、主要病虫害诊断与防治技术。

本书以图文对应的形式介绍了相关技术，对关键技术、关键环节均配有清晰的图片，便于读者直观掌握相关技术。特别是在黄瓜主要病虫害诊断与防治方面，配有各种病害在不同时期、不同部位的症状图片，便于读者"按图索骥"进行诊断。相信本书的出版在一定程度上能够帮助生产者更好地掌握黄瓜生产技术，促进黄瓜高效栽培技术的推广与普及，能够进一步提高黄瓜病虫害诊断的准确率与防治效率，进而为黄瓜生产水平的提高和黄瓜品质的改善做出一定的贡献。

本书由辽宁省农业科学院研究员宋铁峰主编，赵聚勇、李晓红、刘永丽、赵丽丽、杨光、赵越等同志参与编写了部分内容，陈忠有、王国政、张荣风等同志提供了一些宝贵的图片，东北农业大学、黑龙江省农业科学院园艺分院、吉林省蔬菜花卉科学研究院、天津科润农业科技股份有限公司黄瓜研究所等从事黄瓜育种工作的同志提供了相关品种介绍。本书的编写参考了有关专家学者的著作资料，并得到了相关专家学者的帮助，在此一并表示感谢！由于编写者水平有限和编写时间仓促，书中错误、疏漏和不当之处在所难免，恳请专家学者和广大读者提出宝贵意见，谢谢！

宋铁峰

目录
Contents

第一章　黄瓜品种选择　　　　　　　　　/ 1

一、黄瓜类型选择　　　　　　　　　　　/ 1

二、种子选购　　　　　　　　　　　　　/ 2

三、选择专用品种　　　　　　　　　　　/ 3

四、适宜黄瓜品种　　　　　　　　　　　/ 4

（一）津优 316　　　　　　　　　　　/ 4

（二）中农 26 号　　　　　　　　　　/ 5

（三）津优 409　　　　　　　　　　　/ 6

（四）绿园 1 号　　　　　　　　　　　/ 6

（五）津优 315　　　　　　　　　　　/ 7

（六）津优 358　　　　　　　　　　　/ 7

（七）津优 318　　　　　　　　　　　/ 8

（八）绿园 4 号　　　　　　　　　　　/ 8

（九）绿园 7 号　　　　　　　　　　　/ 9

（十）京研 2366　　　　　　　　　　/ 9

（十一）中农 16 号　　　　　　　　　/ 9

（十二）绿园 30　　　　　　　　　　/ 10

（十三）绿园 31　　　　　　　　　　/ 11

（十四）燕白　　　　　　　　　　　　/ 11

（十五）绿剑　　　　　　　　　　　　/ 12

（十六）烟台白黄瓜　　　　　／12

（十七）吉杂9号　　　　　　／13

（十八）吉杂16　　　　　　　／14

（十九）C72　　　　　　　　／14

（二十）龙园翼剑　　　　　　／15

（二十一）吉杂17　　　　　　／15

（二十二）东农816　　　　　／16

（二十三）东农808　　　　　／16

第二章　黄瓜育苗技术　　　　／18

一、育苗前的准备　　　　　　／18

（一）育苗场所　　　　　　　／18

（二）育苗基质的种类与选择／20

（三）种子播前处理　　　　　／21

（四）浸种催芽　　　　　　　／22

（五）育苗器皿　　　　　　　／23

二、播种与播后管理　　　　　／24

（一）播种　　　　　　　　　／24

（二）出苗后的管理　　　　　／27

（三）分苗与分苗后的管理／27

三、嫁接技术　　　　　　　　／29

（一）嫁接的作用　　　　　　／29

（二）砧木选择　　　　　　　／31

（三）用种量的确定　　　　　／33

（四）嫁接方法　　　　　　　／33

四、培育壮苗与苗期处理 　　　/ 43

（一）培育壮苗 　　　/ 43

（二）苗期处理 　　　/ 44

第三章　定植 　　　/ 45

一、定植前的准备 　　　/ 45

（一）栽培场所 　　　/ 45

（二）秧苗锻炼 　　　/ 49

二、定植 　　　/ 49

（一）密度 　　　/ 49

（二）定植时间 　　　/ 49

（三）定植方法 　　　/ 49

第四章　定植后的管理 　　　/ 53

一、缓苗期管理 　　　/ 53

（一）管理重点 　　　/ 53

（二）温光管理 　　　/ 53

（三）肥水管理 　　　/ 54

二、抽蔓期管理 　　　/ 54

（一）冬春季节管理 　　　/ 54

（二）夏秋季节管理 　　　/ 55

三、结果期管理 　　　/ 56

（一）冬春季节管理 　　　/ 56

（二）夏秋季节管理 　　　/ 67

第五章　黄瓜病虫害的防治原则与方法　/70

　一、病虫害防治原则　/70

　二、病虫害防治方法　/70

　　（一）农业防治　/70

　　（二）生物防治　/74

　　（三）物理防治　/74

　　（四）化学防治　/77

　　（五）营养防治　/79

第六章　黄瓜病虫害的识别与防治　/80

　一、侵染性病害　/80

　　（一）猝倒病　/80

　　（二）叶斑病　/82

　　（三）霜霉病　/84

　　（四）黑星病　/87

　　（五）白粉病　/92

　　（六）靶斑病　/96

　　（七）灰霉病　/98

　　（八）菌核病　/101

　　（九）炭疽病　/103

　　（十）煤污病　/106

　　（十一）枯萎病　/107

　　（十二）疫病　/111

　　（十三）蔓枯病　/115

　　（十四）细菌性角斑病　/117

　　（十五）细菌性缘枯病　/119

（十六）细菌性流胶病　　　/ 121

（十七）黄瓜病毒病　　　　/ 124

（十八）黄瓜根结线虫　　　/ 126

（十九）砧木南瓜枯萎病　　/ 128

（二十）砧木南瓜疫病　　　/ 129

（二十一）砧木南瓜炭疽病　/ 130

（二十二）砧木南瓜白粉病　/ 131

二、生理性病害　　　　　　/ 132

（一）不出苗或出苗不齐　　/ 132

（二）幼苗戴帽出土　　　　/ 133

（三）子叶畸形　　　　　　/ 134

（四）幼苗徒长　　　　　　/ 136

（五）叶片早晨吐水　　　　/ 138

（六）生理充水　　　　　　/ 139

（七）枯边叶　　　　　　　/ 140

（八）金边叶　　　　　　　/ 141

（九）叶烧病　　　　　　　/ 142

（十）泡泡病　　　　　　　/ 144

（十一）褐脉病　　　　　　/ 145

（十二）变色叶　　　　　　/ 146

（十三）龙头紧聚　　　　　/ 147

（十四）生理变异株　　　　/ 150

（十五）化瓜　　　　　　　/ 151

（十六）苦味瓜　　　　　　/ 153

（十七）畸形瓜　　　　　　/ 154

（十八）瓜佬　　　　　　　/ 156

（十九）空心瓜　　　　　　/158

（二十）旱害　　　　　　　/159

（二十一）气体危害　　　　/160

（二十二）药害　　　　　　/163

（二十三）歪头与无生长点　/167

（二十四）冷害　　　　　　/168

（二十五）低温障碍　　　　/170

（二十六）高温障碍　　　　/171

（二十七）生理性萎蔫　　　/172

（二十八）顶枯病（缺钙）　/173

（二十九）皱皮病（缺硼）　/174

（三十）缺镁　　　　　　　/176

（三十一）氮肥过量　　　　/177

（三十二）机械损伤　　　　/178

三、虫害　　　　　　　　　/179

（一）瓜蚜　　　　　　　　/179

（二）温室白粉虱　　　　　/181

（三）美洲斑潜蝇　　　　　/183

（四）朱砂叶螨　　　　　　/185

（五）野蛞蝓　　　　　　　/187

（六）瓜绢螟　　　　　　　/188

（七）蓟马　　　　　　　　/190

（八）圆跳虫　　　　　　　/192

（九）甜菜夜蛾　　　　　　/194

参考文献　　　　　　　　　/196

第一章 黄瓜品种选择

一、黄瓜类型选择

黄瓜有不同的生态型：华北型（图1-1）、华南型（图1-2）、介于华北型和华南型之间的日韩型（图1-3）、南亚型、欧洲型（图1-4）

图1-1 华北型黄瓜

图1-2 华南型黄瓜

图1-3 日韩型黄瓜

图1-4 欧洲型黄瓜

等。我国主要栽培的是华北型和华南型黄瓜，日韩型和欧洲型黄瓜有少量栽培。

华北型黄瓜的特点是瓜条较长、刺瘤明显、果皮多深绿色，由张骞从西域经丝绸之路带入中国北方。到6世纪，华北型黄瓜在我国得到广泛栽培，为大宗黄瓜市场种植的黄瓜类型，是栽培面积最大的黄瓜类型。

华南型黄瓜经我国西南陆地或海路传入，从南到北零散分布，栽培面积仅次于华北型黄瓜。一般瓜型短粗、果色较浅、刺瘤稀小。

10世纪，黄瓜从中国传到日本。19世纪末，黄瓜在日本得到普遍栽培。近代，日本选育出了综合华北型和华南型黄瓜优点的类型。该类型的品种既有华北型果色均匀的优点，又有华南型刺瘤稀小、易于清洗的优点，品种适应性强，多为强雌类型，在日本、韩国栽培较多，在我国青岛市等地有少量栽培。

欧洲型黄瓜果皮光滑少刺、绿色有光泽，蜡粉轻，在我国出口菜基地或采摘园栽培较多。

不同类型的黄瓜商品性状差别较大。选择黄瓜品种时，一要在商品性上选择符合当地市场需求的黄瓜类型，二要选择抗病性好的品种，为提高生产效率、生产出高品质商品提供品种方面的保障。这样才能销售顺畅、售价较高，获得较好的经济效益。

二、种子选购

黄瓜属于非主要农作物，以前是备案制，现在国家要求对销售的种子进行品种登记（图1-5）。购买种子要优先选择进行了品种登记的种子，同时要到具有种子经营许可证的种子销售处购买种子。所购种子应已有了一定的推广面积，并在当地试种成功。若种子是没有试种过的新品种，最好先少量试种，之后才可大量种植。同时要注意种子生产者与该品种育种者是否一致。一般育种者掌握品种的原原种，种子纯度有保证。

图 1-5　黄瓜品种登记证书

三、选择专用品种

不同设施、茬口的环境条件不同，对品种的要求也不同，应根据栽培的设施、茬口来选择品种，这样才能获得较高效益，切不可随意选择（表 1-1）。

表 1-1　黄瓜栽培设施、茬口与适宜品种

设施	茬口	适宜品种
塑料大棚	春茬	津优 318、津优 358、绿园 1 号、绿园 36、京研 2366、绿剑、烟台白黄瓜、吉杂 9 号、吉杂 16、中农 29、绿园 7 号、龙园翼剑、东农 808、东农 816
	秋茬	津优 318、津优 358、津优 316、东亚秀月、绿园 30

续表

设施	茬口	适宜品种
日光温室	越冬茬	津优 315、津优 316、津优 35 号、中农 26 号、博美 69
	早春茬	津优 315、津优 316、津绿 3 号、津优 35 号、绿园 7 号、燕白、烟台白黄瓜、吉杂 9 号、吉杂 16、戴多星、中农 29 号、东农 808、东农 816
	秋冬茬	津优 318、津优 315、津优 316、津优 5 号
小拱棚	春茬	津优 1 号、绿园 4 号、绿园 1 号
露地	春茬	中农 8 号、津优 409、中农 16 号、绿园 30、绿园 4 号、绿剑、吉杂 17、龙园翼剑
	夏茬	津优 40 号、津优 4 号、园丰元 6 号、吉杂 17
	秋茬	津优 409、津优 4 号、中农 8 号、绿园 4 号、吉杂 17

四、适宜黄瓜品种

（一）津优 316

天津科润农业科技股份有限公司黄瓜研究所选育。2018 年获得国家农业农村部品种登记。长势强，中小叶片，以主蔓结瓜为主，雌性强，连续结瓜能力强。瓜色深绿，亮度好，腰瓜长 35 厘米左右，无棱，密刺，果肉淡绿（图 1-6）。前期产量稳定，中后期产量突出，耐低温弱光突出，抗靶斑病、霜霉病、灰霉病等多种病害。适宜早春、秋延后、越冬日光温室栽培。

（二）中农 26 号

中国农业科学院蔬菜花卉研究所选育。2010 年获得山西省品种审定委员会认定。中熟，植株生长势强，分枝中等，叶色深绿。以主蔓结瓜为主，早春第一雌花着生在主蔓 3~4 节，节成性高。瓜色深绿，有光泽，腰瓜长约 30 厘米，瓜把短，心腔小，果肉绿色，商品瓜率高，多刺，瘤小，无棱，微纹，质脆味甜（图 1-7）。抗白粉病、霜霉病，中抗枯萎病，耐低温弱光，适宜日光温室栽培。越冬温室生产每亩（1 亩 ≈ 667 平方米）产量 10 000 千克以上。

图 1-6　津优 316

图 1-7　中农 26 号

（三）津优 409

天津科润农业科技股份有限公司黄瓜研究所选育。2018 年获得国家农业农村部品种登记。植株长势强，中小叶片，叶色深绿，以主蔓结瓜为主，瓜码中等，腰瓜长 35 厘米，瓜色深绿、亮度好，瓜条顺直，商品瓜率高（图 1-8）。抗霜霉、白粉、角斑等多种病害，商品性佳。适宜春秋露地栽培。

（四）绿园 1 号

辽宁省农业科学院蔬菜研究所育成的一代杂种。2006 年通过辽宁省非主要农作物品种备案办公室备案。植株生长势强，叶片深绿色，以主蔓结瓜为主，第一雌花着生在主蔓 3~4 节。瓜长棒状，顺直，商品瓜长 33 厘米左右，刺瘤明显，瓜把中短，瓜皮深绿色（图 1-9）。抗病毒病、枯萎病，中抗霜霉病，耐低温弱光性好。每亩产量 6 000 千克以上。适宜日光温室早

图 1-8　津优 409　　　　　图 1-9　绿园 1 号

春茬、塑料大棚春茬栽培。

（五）津优315

天津科润农业科技股份有限公司黄瓜研究所选育。2018年获得国家农业农村部品种登记。植株长势强，中等叶片，主蔓结瓜，瓜码密，中前期产量突出，膨瓜速度快，丰产潜力大，早熟性好。腰瓜长36厘米左右，短把密刺，瓜条顺直，畸形瓜率低，瓜色深绿，商品性好（图1-10）。适宜早春、秋延后、越冬日光温室栽培。

（六）津优358

天津科润农业科技股份有限公司黄瓜研究所选育。2018年获得国家农业农村部品种登记。长势强，中等叶片，主蔓结瓜，瓜码中等。腰瓜长34厘米左右，短把密刺，瓜色深绿、油亮，果肉淡绿，口感脆甜，无需嫁接，商品性突出（图1-11）。中抗霜霉病，抗白粉病、角斑病。适宜春秋塑料大棚栽培。

图1-10　津优315　　　　　图1-11　津优358

（七）津优318

天津科润农业科技股份有限公司黄瓜研究所选育。2018年获得国家农业农村部品种登记。植株长势强，中小叶片，叶色深绿，以主蔓结瓜为主，强雌品种，雌花节率达70%，丰产潜力大。腰瓜长33厘米左右，瓜色深绿、黑亮，短把密刺，果肉淡绿，瓜条顺直，商品性好（图1-12）。适宜春秋塑料大棚、秋延后温室栽培。

（八）绿园4号

辽宁省农业科学院蔬菜研究所育成的一代杂种。2010年通过辽宁省非主要农作物品种备案办公室备案。植株生长势强，以主蔓结瓜为主，第一雌花着生在主蔓4~6节，雌花节率30%~40%。商品瓜长30~33厘米，瓜把短，果实亮绿，果色均匀，无黄头，刺瘤显著，无棱，质脆味甜，品质好（图1-13）。

图1-12　津优318　　　　图1-13　绿园4号

抗霜霉病、白粉病、病毒病等病害。性型分化对环境条件不敏感，适宜露地春季、秋季及塑料大棚秋季栽培。早熟性好，春季露地栽培每亩产量 6 000 千克左右。

（九）绿园 7 号

辽宁省农业科学院蔬菜研究所选育的一代杂种。2018 年获得国家农业农村部品种登记。华北型黄瓜品种。植株长势强，第一雌花着生在主蔓 4~6 节，以后节节为雌花。商品瓜长 30 厘米左右，果皮绿色有光泽，刺瘤显著，心腔小，果肉绿色较深，风味品质好（图 1-14）。耐低温性好，抗霜霉病、细菌性角斑病、病毒病等病害。适宜保护地春季栽培。

图 1-14　绿园 7 号

（十）京研 2366

北京市农林科学院蔬菜研究中心选育。雌花节率高，长势强。商品瓜长 30 厘米以上，瓜把短，果色深绿有光泽，刺瘤中等，商品性好（图 1-15）。耐低温弱光性好，中抗霜霉病、白粉病。适宜温室及塑料大棚春季栽培。

（十一）中农 16 号

中国农业科学院蔬菜花卉研究所育成的一代杂种。植株生长势强，早熟，从播种到始收 52 天左右。瓜条长棒形，瓜长 28~35 厘米、横径 3.5 厘米，瓜色深绿有光泽，单瓜重 200 克左右，刺瘤较小，刺较少，口感甜脆（图 1-16）。抗细菌性角斑病、白粉病、霜霉病、枯萎病、黄瓜花叶病毒病等多种病害。适于塑料大棚春季、秋季及露地春季栽培。露地春季栽培每亩产量 6 000 千克左右。

图 1-15　京研 2366　　　　　图 1-16　中农 16 号

（十二）绿园 30

辽宁省农业科学院园艺研究所育成的一代杂种。华南型黄瓜。植株长势强，叶片平展，第一雌花着生在主蔓 3~5 节，以主蔓结瓜为主。瓜棒状，瓜长 22~25 厘米、横径 4~6 厘米，果皮白绿色，刺瘤稀小，肉质脆嫩，品质佳（图 1-17）。适应性强，对霜霉病、白粉病等均有一定抗性。早熟丰产性好，每亩产量 5 000 千克左右。适宜露地春茬和保护地秋延后栽培。

（十三）绿园 31

辽宁省农业科学院蔬菜研究所育成的一代杂种。2005 年通过辽宁省非主要农作物品种备案办公室备案。华南型黄瓜。植株生长势强，以主蔓结瓜为主，早熟，第一雌花着生在主蔓 3~5 节，以后节节为雌花，春大棚栽培一般每亩产量 6 000 千克。商品瓜白绿色，刺瘤稀小，白刺，瓜长约 21 厘米、横径约 3.5 厘米，商品率高，果实耐老性强，不易黄皮，耐贮运（图 1-18）。耐低温弱光，适宜日光温室和塑料大棚春季栽培。

图 1-17　绿园 30

图 1-18　绿园 31

（十四）燕　白

重庆市农业科学院蔬菜花卉研究所选育。长势强，第一雌花着生在主蔓 2~3 节，以后节节有雌花。瓜长 20 厘米左右，绿白色，有明显浅色条纹，果实圆筒形，单果重 100~120 克，品质好（图 1-19）。抗霜霉病、白粉病，适宜春季保护地栽培。

（十五）绿 剑

黑龙江省农业科学院园艺分院选育。2011年通过黑龙江省农作物品种审定委员会登记，2014年获黑龙江省政府科技进步二等奖。植株长势强，第一雌花着生在主蔓3~5节，瓜码较密，主侧蔓均结瓜，结回头瓜，早熟。商品瓜长约22厘米、横径约4厘米，果色嫩绿，白刺，刺瘤稀少，耐老化，清香味浓，整齐度好（图1-20）。抗霜霉病、枯萎病，耐细菌性角斑病，适宜塑料大棚春季及露地春季栽培。

图1-19　燕白　　　　　　　　图1-20　绿剑

（十六）烟台白黄瓜

烟台市农业科学研究院蔬菜所选育。植株长势强，侧枝少，以主蔓结瓜为主，第一雌花着生在主蔓 2~3 节。商品瓜短棒状，长 17 厘米左右、横径 3.1 厘米左右，单果重约 100 克，果皮绿白色，刺白褐色，刺瘤较大，刺中等多，果肉较厚（图 1-21）。耐低温弱光，较抗霜霉病，适宜保护地春季栽培，一般亩产 4 500 千克以上。

（十七）吉杂 9 号

吉林省蔬菜花卉科学研究院选育。植株生长势强，以主蔓结瓜为主，节成性好，坐瓜多，果实商品性状优良，果形棒状，商品瓜长 20~25 厘米，单瓜重 150~200 克，果皮绿白色，黑刺，肉质细脆，微甜有香气（图 1-22）。从播种到采收 55 天左右，平均亩产 5 300 千克左右。对霜霉病、角斑病、枯萎病有不同程度的抗性，适宜春大棚和日光温室栽培。

图 1-21　烟台白黄瓜

图 1-22　吉杂 9 号

（十八）吉杂16

吉林省蔬菜花卉科学研究院选育。植株生长势强，叶片中等，以主蔓结瓜为主，根系发达，平均株高380厘米，平均蔓粗0.95厘米，平均节数42节，叶片深绿色，平均第一雌花节位3.5节。果形棒状，果长20~25厘米，单瓜重150~210克，果皮绿白色，黑刺，果实商品性状优良，肉质细脆，微甜有香气（图1-23）。抗黄瓜霜霉病能力强，中抗黄瓜疫病、枯萎病等。早熟品种，从播种到采收55天，平均亩产6 300千克左右。适宜保护地栽培。

（十九）C72

青岛市农业科学研究院选育。植株长势强，以主蔓结瓜为主。商品瓜圆筒形，果皮白绿色，白刺，刺瘤稀少，瓜长约18厘米、横径约3.3厘米，平均单果重134克（图1-24）。抗白粉病，中抗霜霉病和黄瓜花叶病毒病，适宜日光温室春季及秋季栽培。

图1-23　吉杂16　　　　　　　　图1-24　C72

（二十）龙园翼剑

黑龙江省农业科学院园艺分院选育。2018 年获农业农村部非主要农作物品种登记。早熟，全雌型，长势强，第一雌花节位 1~2 节，每节 1 瓜，结果能力强，果实膨大快。瓜条嫩绿色，有光泽，耐老化，果形整齐，圆头棒形，长 18~20 厘米、横径 3 厘米，白刺，刺瘤稀少，口感好，脆嫩微甜（图 1-25）。抗病性强，亩产 5 000 千克。适宜早春单层覆盖大棚和春露地栽培。

（二十一）吉杂 17

吉林省蔬菜花卉科学研究院选育。植株生长势强，以主蔓结瓜为主，节成性好，平均第一雌花节位 4 节。果实棒状，果长 18~19 厘米，单瓜重 170~200 克，果皮绿白色，黑刺，肉质细脆，微甜有香气（图 1-26）。从播种到采收 55 天左右，平

图 1-25　龙园翼剑　　　　图 1-26　吉杂 17

均亩产 6 100 千克。对霜霉病、角斑病、枯萎病有不同程度的抗性,适宜吉林省内露地栽培。

(二十二)东农816

东北农业大学选育的一代杂种。植株长势强,以主蔓结瓜为主,分枝性弱。全雌型,雌花节率稳定,坐果率 53.9%。商品瓜圆筒形,瓜条顺直,商品瓜率 90% 以上,瓜把形状为钝圆形,皮色浅绿并有绿色斑纹,瓜肉白绿色,瓜长 19 厘米左右,瓜粗 3.1 厘米左右,单瓜重 115 克左右(图 1-27)。早熟性和丰产性突出,具有单性结实能力。适合东北三省保护地栽培。

(二十三)东农808

东北农业大学选育的一代杂种。植株无限生长型,长势较强,分枝性弱,耐低温弱光。第一雌花节位 3~4 节,雌花节率 78.5%,强雌性,雌花节率稳定。主蔓结瓜,坐果率 54.4%。商品瓜短圆桶形,皮色深绿、光亮无棱、无刺瘤,瓜长 16.4 厘米,瓜粗 3.3 厘米,果形指数 5,单瓜重 110~120 克,瓜肉浅绿色,果肉厚,种腔小于瓜横径的 1/2(图 1-28)。高抗枯萎病,抗霜霉病和细菌性角斑病,中抗白粉病。适合东北三省保护地栽培。

图 1-27　东农 816

图 1-28　东农 808

第二章 黄瓜育苗技术

一、育苗前的准备

（一）育苗场所

保护地栽培一般要在设施内育苗；露地栽培可在温室、塑料大棚或阳畦内育苗（图 2-1），定植前 1 周，迁到露地进行适应。半夏黄瓜也有在露地育苗或直播的。育苗前，首先要准备好育苗场地。然后在场地内做好苗床。有条件的可以采用床架育苗（图 2-2），能防止根系扎入土壤，减少病害发生，而

图 2-1 阳畦育苗

图 2-2 床架育苗

且由于环境条件更加一致，可促进苗齐苗壮。床架育苗还能减少弯腰操作，减轻劳动强度。如果没有床架，可在平地做苗床。苗床要求床面平整，光照充足而均匀，四周干净整洁、无杂草。低温季节育苗要有保温设施，高温季节育苗要有遮阳及防雨设施。

　　北方冬春季节温室育苗一般要铺设地热线（图2-3）以提高夜晚温度。一般将苗床建在温室中部采光和保温好的地块。苗床一般呈长方形，东西延长。如果用穴盘育苗，宽度为苗盘长度的2倍再加10厘米。这样可以

图2-3　铺设地热线

横向摆2个苗盘，长度由育苗量决定。做苗床时，先画出苗床边框，然后将边框内地面铲平。在苗床两侧（短边，温室育苗多为苗床东西两侧）钉入短竹棍，间距为8厘米左右。地热线一般选择1 000瓦/时的。布线时，先将地热线的一头固定在第一根竹棍上，然后向对向拉线，绕过对向2根竹棍，再将地热线拉回，如此往复，最后将地热线的另一头拉回，把地热线的两头接线接到控温仪上。控温仪接到电源上，温控探头插在苗床内，打开开关通电，测试是否加热、温控设备是否好用。铺设地热线时一定要注意：电线接头要连接好，不要虚连；电热线不要互相缠绕；整条地热线处于温度大体一致的环境条件；试用成功后，再铺摆育苗营养钵或穴盘等。

（二）育苗基质的种类与选择

育苗营养土是幼苗生长的基质，应具备以下条件：酸碱度适宜，pH 值在 6.5 左右为佳；营养成分全且各组分比例恰当，主要指有机缓效性养分和无机速效性养分之间以及大量元素和其他各元素之间的比例要恰当等；结构良好，透气性、保水性适中；无病原菌和虫害。这样的营养土利于培育出优质壮苗。

1. **普通田土** 主要成分为田土和有机肥，还包括少量化肥、杀菌剂及杀虫剂。其中，田土占营养土总量的 60%~70%，宜选择没有病、虫、药污染的大田表土或没种过瓜类作物的辣茬菜田土。有机肥占营养土总量的 30%~40%，可选用充分腐熟的马粪、猪粪等。化肥加入少量即可，一般每立方米营养土加 500 克磷酸二铵或 1 000 克过磷酸钙。同时，每立方米营养土可加入 500 克 50%多菌灵可湿性粉剂及 25%敌百虫乳油 60 克。营养土中不宜加入尿素、碳酸氢铵等速效氮肥，否则易引发生理变异株。以上材料都要捣碎、过筛，然后充分混匀。普通田土取材方便、成本较低，但密度较大、通透性较差，不适宜与穴盘配套使用，主要在一家一户分散育苗中应用。

2. **草炭、蛭石、珍珠岩等配制的育苗基质** 按草炭：蛭石：珍珠岩=3∶1∶1（体积比）进行混合，配制成育苗用营养土。大批量生产基质时，使用基质搅拌机进行混合，可节省人工，并提高混合效率和基质均匀程度。配制时，先把草炭、蛭石、珍珠岩按比例初步混合在一起（图 2-4），然后将初混物装入基质搅拌机，在搅拌机出口处喷施 50%福美双可湿性粉剂或 50%多菌灵可湿性粉剂 500 倍液（图 2-5）。专用基质多由工厂加工生产，成本较高，但通透性好、密度小，可配合穴盘进行育苗。其育苗效率高、质量好、方便运输，在集约化育苗中普遍使用。

图 2-4 将草炭、蛭石和珍珠岩初 步混合在一起

图 2-5 将初混物装入搅拌机并在 出口处喷药

（三）种子播前处理

1. 种子清选 播种前对种子进行清选，淘汰瘪籽，选留饱满健壮的种子（图 2-6）。

2. 种子消毒 大多数病害可通过种子带菌传播、发病。在催芽前，应先对种子进行消毒处理，防止因种子带菌发生病害。

（1）温汤浸种 把种子放入 55~60℃温水中烫种 15 分钟。此过程要不断搅拌（图 2-7）。

图 2-6 清选种子（左侧为饱满种子）

图 2-7 温汤浸种

（2）**药剂消毒** 防治真菌性病害可用 50% 多菌灵可湿性粉剂 500 倍液或 0.1% 多菌灵盐酸溶液浸种 1 小时，也可用 40% 甲醛 100 倍液浸种 10~15 分钟，捞出洗净；防治病毒病，用 10% 磷酸三钠溶液浸种 20 分钟，捞出洗净；防治细菌性病害，用 0.5% 次氯酸钠浸种 20 分钟，或用 90% 新植霉素 3 000 倍液浸种 2 小时，捞出洗净。之后进行浸种催芽。

图 2-8　有种膜的种子

（3）**种膜剂处理** 有些黄瓜种子进行了种膜化处理（图 2-8）。种膜内含杀菌剂和多种微量元素，可减少或避免种子带菌。经处理的种子可直接浸种催芽，也可直播。

（4）**药剂拌种** 用药量为种子重量的 0.2%~0.5%。拌种时，把种子放到罐头瓶内，加入药剂，加盖后摇动 5 分钟，使药剂充分且均匀地粘在种子表面。常用药剂有 50% 福美双可湿性粉剂、50% 多菌灵可湿性粉剂等。

（四）浸种催芽

一般在种子消毒处理后进行浸种催芽。将消毒后的种子用清水清洗，然后放到温度为 28~30℃的清水中浸种 4~6 小时，淘洗干净后，用湿毛巾包上，放在无光、通气、温度为 26~28℃环境下催芽。24~36 小时后，芽长可达 1~2 毫米，此时结束催芽。

（五）育苗器皿

黄瓜育苗常用的育苗容器有育苗盘、营养钵、穴盘、营养土切块等。种子可以直接播在育苗容器内，也可先播种于育苗盘，待子叶展平后再分苗到营养钵等其他育苗容器中。

1. 育苗盘 育苗盘（图2-9）用于分苗方法育苗、嫁接育苗播种接穗或砧木。育苗时先将营养土均匀铺在育苗盘内，土面距离育苗盘上沿约1厘米。浇透底水。如果苗盘内土面不平，要先用玻璃板或其他平板刮平土面，然后播种、覆土等。

2. 营养钵 选用直径8~10厘米规格的营养钵培育黄瓜苗。种子可直播在营养钵中，也可将育苗盘中合适大小的苗移到营养钵中。与穴盘育苗相比，营养钵育苗需要的营养土较多，但营养面积较大、光照充足。在育苗后期，可以通过拉大营养钵间距离稀苗，来预防徒长和延长苗龄期。一般在苗龄期较长的情况下采用，如育大苗（春塑料大棚为了定植后很快结瓜、提高前期产量）（图2-10）及夏秋季上茬作物倒茬较晚时可以采用营养钵育苗。营养钵育苗由于需要的营养土较多，一般多用普通营养土。

图2-9 育苗盘

图2-10 营养钵育大苗

3. 穴盘 根据需要苗龄长短可选32孔、50孔或72孔穴盘（图2-11）。一般苗龄长、大苗定植的可选32孔穴盘；苗龄短、小苗定植的可选50孔或72孔穴盘。和营养钵育苗相比，穴盘育苗单位植株的营养面积较小，生长后期秧苗互相遮光，容易徒长，所以一般苗期较短，多在苗龄期较短的情况采用。

穴盘育苗具有易于移动、操作省工、方便管理等优点，在集约化育苗中被普遍采用。普通田土用于穴盘育苗时，起苗时容易伤根，所以使用穴盘育苗时多选用专用基质。

图2-11 穴盘

4. 营养土切块 按照普通营养土的配制方法配制基质，加水和成泥。将泥土铺在搂平的苗床内，要求泥土厚度在8~10厘米，上表面抹平。然后，用玻璃板在泥面切出边长为8~10厘米的营养土块，在营养土块上播种。这种方法成本低、占地少，但后期不能稀苗且不方便移动，目前采用的越来越少，一般仅在管理较粗放的大面积露地生产中采用。

二、播种与播后管理

（一）播 种

1. 适时播种 芽长1~2毫米（图2-12）时结束催芽并开始播种。冬春季节育苗，苗床一般配有地热线。播种应选天气晴好时进行，阴雪、寒流天气温度较低，种子发芽缓慢，而苗床湿度又很高，容易造成烂种。播种前要浇足底水，以浇透苗床又无积水为标准。浇水量过多，形成低温、高湿条件，容易烂种和引发猝倒病；浇水量不足，种芽易抽干萎蔫而不易出芽。浇最后一遍水时要喷施药水，对床土做进一

图 2-12 宜播种的黄瓜幼芽

步消毒，可用 50％多菌灵可湿性粉剂 200~400 倍液喷施（图 2-13）。采用营养钵直播的，营养土不能装满，要在上部留 2 厘米空间，即预留覆土和苗期浇水的空间；使用穴盘直播的，穴盘上部也要留 1~2 厘米空间，为覆土和之后浇水留有空间。工厂化育苗的播种量大，可使用播种机（图 2-14）播种，能节省人工并大幅度提高播种效率。

图 2-13 播种前喷施药水

图 2-14 播种机

2. 覆土 一般覆土厚度为 1~1.5 厘米（图 2-15）。营养土较湿、陈种子、不饱满的种子、低温季节播种时覆土可薄些；营养土容重较小、新种子、高温季节播种时覆土可厚些。覆土

过薄易出现种子戴帽出土现象，过厚则有可能导致种子出土困难。同时，覆土要均匀、厚度要一致，否则可出现幼苗出土不均匀现象。采用穴盘播种的，覆土后把穴盘整齐地摆在苗床上（图 2-16）。

图 2-15　播种与覆土

图 2-16　摆盘

图 2-17　覆膜

3. 保温保墒　冬春季节播种，覆土后应立即覆盖地膜（图 2-17）以增温保墒。苗床温度要尽量控制在 25~30℃，最低温度应大于 15℃。如果温度较低，应加盖小拱棚，或利用地热线、火炉等加温。夏秋季节播种，不宜覆盖地膜以免温度过高。为了保墒，可在苗床上覆盖稻草、纸被等。

（二）出苗后的管理

出苗后应及时去掉苗床覆盖物（地膜、稻草或纸被等），防止幼苗徒长或烤苗。出苗后要适当控水、控温，增加光照，防止幼苗徒长。

1. 通风控温 当80％幼苗出土后就要开始通风，白天温度控制在25℃左右，夜晚温度控制在10~15℃，土温保持在18~22℃。

2. 增加光照 出苗后温室草苫要尽量早揭晚盖，及时清洁棚膜。有条件的在阴雪天可用灯光补光。在育苗后期，应拉大苗距，进行稀苗，增加幼苗光照，防止徒长。

3. 片土保墒 出苗后要及时向幼苗根部撒过筛细土，促进发生不定根。同时，片土可减少苗床水分蒸发，降低湿度，提高土温。片土应在叶片露水消失后进行，以免营养土弄脏叶面。片土不宜过厚。

4. 适当控水 水分过多易造成徒长、沤根，要进行控水，但也不可过度控水，要求见干见湿。

（三）分苗与分苗后的管理

分苗又叫移植，指把幼苗从育苗盘中分入营养钵、穴盘等其他育苗容器中。一般在采用育苗盘播种而又不嫁接育苗时进行。

1. 分苗的作用 与营养钵或穴盘直播相比，分苗可减少播种床面积，节约前期管理费用。通过分苗可以增大幼苗营养面积，防止徒长；分到新苗床相当于更换了新的营养土，能促进幼苗健壮生长，减少土传病害发生；起苗中会伤害主根，移植后可促进次生根的发生，促进幼苗形成庞大的以次生根为主的根群，根系分布较集中，总根数增加，提高植株对肥沃的地表土层的利用；移植时可暂时抑制幼苗向上生长，能控制徒长，促使幼苗强壮、抗性提高。

2. 分苗时间　2 片子叶展平、第一片真叶露心为分苗的合适时间（图 2-18），不宜过晚分苗。1~2 片真叶时幼苗已开始花芽分化，此时分苗必然影响花芽分化，使花芽分化延迟、第一雌花节位提高。同时，苗过大也不利于幼苗成活。

图 2-18　适宜分苗的时期

3. 分苗方法

（1）**准备工作**　先准备好移植苗床，移植苗床要具备适宜缓苗的环境条件。分苗前将移植容器装好营养土，装土量为容器的 2/3。

（2）**起苗**　起苗前一天苗床要浇透水，以免起苗时伤根。起苗后要选苗，淘汰病苗、畸形苗、弱苗。如果幼苗不整齐，还要对幼苗按大小分级，相同大小的秧苗移植后摆放在一起，以便于管理。

（3）**移栽**　起出的苗应立即移栽，防止暴露空气时间长而失水萎蔫，造成大缓苗。不能马上移栽的，应用湿毛巾覆盖保湿。移栽时可先将幼苗栽到容器里，再摆放在移植苗床，然后浇透水；也可前一天将育苗容器浇透水，用小棍在中间插一个小孔，第二天移栽时将幼苗栽入小孔内，覆盖少量干土，然后再浇少量水。移栽深度以子叶露出土面1~2厘米为宜，幼苗胚轴过长的可适当深栽，促进其发生不定根且降低幼苗高度。

4. 分苗后的管理　分苗后幼苗需要在高温、高湿、光照较弱的条件下进行缓苗。冬春季节，外界温度较低，分苗一般在棚室内进行。分苗后应密闭棚室，中午光照过强时可适当遮光。当幼苗叶色变淡、新根发生后，应适当通风。如分苗时底水过少，此时可补小水1次。当幼苗颜色转绿、心叶展开、叶片变大，说明已经缓苗，可进行正常管理。缓苗后可浇1次缓苗水。夏秋季节分苗，外界高温、强光，管理上主要是遮光、保湿。与冬春季节相比，夏秋季节分苗管理的遮光时间要长、浇水次数增加。

三、嫁接技术

（一）嫁接的作用

1. 防控土传病害发生　重茬、连作等导致土壤病原菌积累，土传病害发生。黄瓜枯萎病是黄瓜最重要的土传病害之一，可造成黄瓜减产、死秧，甚至绝收，危害十分严重（图2-19）。

枯萎病具有较强的专一性，很多南瓜品种就对它免疫，可以利用这些南瓜作为黄瓜砧木进行嫁接育苗。嫁接后的黄瓜利用南瓜根系吸收肥水，不以自根从土壤中吸收养分，从而减少或防止这些土传病害的发生。

图 2-19　未嫁接的黄瓜发生枯萎病

　　2. 增强抗逆性　砧木南瓜的根系强大、长势强。嫁接后，黄瓜植株表现出对低温或高温、干旱或潮湿、强光或弱光、盐碱土或酸性土的适应性增强，具有更好的抗逆性，降低了各种生理性病害的发病率。这种抗逆性的提高，也起到克服棚室连作障碍的作用，这一点对常年栽培黄瓜的棚室意义更大。

　　3. 提高抗病性　除了对枯萎病等土传病害抗性较强外，砧木南瓜对一些其他病害抗性也较强。通过嫁接可以提高接穗黄瓜对这些病害的抗病性，如白粉病等。

　　4. 有益培育壮苗　嫁接苗抗性强，嫁接后的幼苗根系发达、叶面积大、不易徒长、不易发生病虫害。

　　5. 提高肥水利用率　与自根苗相比，嫁接苗根系强大、吸收能力强，特别是对土壤深层的肥水利用率高。

　　6. 增加产量　与自根苗相比，嫁接后的黄瓜生产能力明显增强，通常表现为结果早、结果期长，产量增加明显，一般可增产20%以上。在连作棚室、低温季节增产更为明显，可增产30%~50%。

7.改进品质

（1）营养品质　黄瓜嫁接后，果实的可溶性固形物增加、总糖增加、维生素C增加。

（2）外观品质　嫁接后，果肉增厚、心室变小。同时，一些砧木嫁接后可去掉黄瓜蜡粉，增加果实光泽度（图2-20）。

图2-20　自根黄瓜蜡粉较重

（二）砧木选择

1.嫁接用砧木应具有的性状　与黄瓜接穗亲和力强，根系生长旺盛，生育期长；抗逆性强（耐低温或耐热，耐贫瘠土壤，吸收水肥能力强，耐潮湿，耐干旱等）；抗病性强（抗枯萎病、疫病、霜霉病、白粉病等）。

2.砧木的品种和特征　国外品种有美国黑籽南瓜，日本的金刚、新土佐系列、西鲁坡、云龙七等。我国采用较多的是云南黑籽南瓜、山西黑籽南瓜、火凤凰、威盛等。黑籽南瓜一般具有较好的耐低温性，冬季选作砧木，黄瓜产量较高，但由于黑籽南瓜嫁接后，黄瓜果实蜡粉较重（图2-21），现在已经很少使用；火凤凰、威盛、云龙七等黄籽南瓜嫁接后能去掉黄瓜蜡粉（图2-22），提高黄瓜商品性状。

图 2-21　果实蜡粉重

图 2-22　果实蜡粉轻

3. 砧木的选择

（1）冬春季节栽培　当地温度较低或对黄瓜有无光泽要求不高的地方可选择抗病、耐寒、生长势强的黑籽南瓜（图 2-23）；当地温度较高或喜欢有光泽黄瓜的地方应选择可去蜡粉的砧木品种，如火凤凰、威盛（图 2-24）、云龙七等。

（2）夏秋季节栽培　应选择抗病、耐热的砧木品种，如金刚、新土佐（图 2-25）、西鲁坡等。

图 2-23　云南黑籽南瓜

图 2-24　威盛

图 2-25　新土佐

（三）用种量的确定

嫁接育苗要先确定砧木、接穗的用种量。与常规育苗相比，嫁接育苗需要额外考虑嫁接苗成活率、砧木发芽率等，这些数据与亲和力、嫁接技术水平、嫁接后管理水平等密切相关。一般条件下嫁接育苗用种量要比常规育苗增加20%~30%。

1. 黄瓜用种量 可按如下公式计算，公式中的数据均指黄瓜而非砧木。

$$A1（嫁接育苗用种量，克/公顷）= \frac{常规育苗用种量（克/公顷）}{嫁接苗成活率}$$

$$A2（常规育苗用种量，克/公顷）=$$

$$\frac{每公顷所需苗数}{\frac{1000}{种子千粒重（克）} \times 种子纯度（\%）\times 种子发芽率（\%）} \times 安全系数$$

2. 砧木用种量 砧木用种量可按如下公式计算。

$$A3（砧木用种量，克/公顷）=$$

$$\frac{A1 \times 砧木种子千粒重（克）}{黄瓜种子千粒重（克）\times 砧木种子纯度（\%）\times 砧木种子发芽率（\%）}$$

在实际生产中，云南黑籽南瓜每千克4 000粒左右，一般每亩用种量为1.5~2千克。

（四）嫁接方法

常用的嫁接方法有靠接法、插接法及双断根插接法等。其中，靠接法对外界不良环境的抵抗能力较强，且较易掌握，是

应用面积较大的嫁接方法，但存在操作烦琐、接口愈合不牢固、黄瓜切口易接触地面引发枯萎病等缺点，目前应用面积越来越小。插接法对外界不良环境抵御能力稍弱、对嫁接后的管理要求比较严格，但其较省工，后期接口愈合牢固，不易折断，应用面积越来越大。工厂化育苗为了进一步节省人工、提高嫁接效率，改良插接法为双断根插接法，该方法多在工厂化育苗基地应用。

1. 靠接法 靠接又称为舌接、舌靠接、靠插接等。

（1）**黄瓜的播种** 黄瓜应比砧木南瓜早 3~5 天播种。黄瓜播种密度不宜过大，以间距 2 厘米左右为宜。播种过密易造成幼苗下胚轴瘦弱，不利于嫁接。播种前给苗床浇足底水，以床土湿透、床面无积水为准。播种后苗床温度控制在 26~30℃，可促进出苗。出苗后要保证光照充足，遇阴天或雪天应适当补光。出苗后要适当控制温度，尤其是夜温不可过高，夜温保持在 10~15℃即可。较大的间距、光照充足和低夜温可促进胚轴粗壮，方便嫁接并提高嫁接成活率。

（2）**南瓜种子的处理** 黑籽南瓜种子有休眠期，选隔年的种子发芽率较高。若使用新种子，可用热水烫种的方法打破休眠：取两个容器，一个放 70~80℃热水，一个放种子，水量为种子重量的 4~6 倍。手持两个容器来回迅速倾倒，10 分钟后温度可降至 55~60℃，然后用小木棍不断搅拌，搅拌 5~10 分钟。此方法不仅能打破南瓜种子休眠，还可消灭其表面携带的病菌，减少南瓜病菌对黄瓜的侵染。例如，可消灭南瓜种子携带的褐斑病菌，减少黄瓜褐斑病发生。

（3）南瓜种子的播种时间　黑籽南瓜生长迅速，下胚轴易空心，所以不宜播种过早，否则嫁接时南瓜下胚轴可能已空心，导致嫁接接口接触面积小而不易成活。一般当黄瓜子叶展平时开始播种南瓜即可。

（4）南瓜种子的浸种催芽　将南瓜种子放在30~35℃清水中浸种8小时左右。浸种后将南瓜种子捞出，用湿布包好，放在30℃左右的环境下催芽，催芽过程中要对南瓜种子进行数次清洗，洗掉其表面黏液。当芽长0.5~1厘米（图2-26）时开始播种。

（5）南瓜种子的半沙床育苗　南瓜根系越完整，嫁接后缓苗越快，成活率越高。沙子易分散，不易与根系黏结在一起，采用沙床育苗，可减少起苗时伤根，提高嫁接成活率。半沙床育苗：在育苗盘或苗床上，先铺3~5厘米厚的细沙，浇足底水后按间距4厘米左右播种，播种后覆盖2~3厘米厚的细土（图2-27）。

图2-26　砧木芽长0.5~1厘米　　图2-27　砧木南瓜的半沙床育苗

（6）嫁接前的管理　最主要的是控制好胚轴的长度，通过对光照、温度、水分的调整来控制砧木与接穗的胚轴长度，使接穗胚轴高 6~7 厘米，砧木胚轴高 5~6 厘米，黄瓜苗要高于南瓜苗 1~2 厘米较为合适。

（7）嫁接前的准备工作

第一，场所的准备。室内温度维持在 20~25℃，保持较弱的光照，若晴天嫁接要适当遮阴。如果棚室内温度不够，可铺设地热线加温，并用控温仪自动控制苗床温度。苗床宽度以每行可摆 10~12 个营养钵为宜，过宽则不宜栽植嫁接苗。

第二，工具的准备。准备好嫁接夹、竹签、桌子、凳子、地膜、湿毛巾等物品。

图 2-28　摆放好营养钵并插好坑穴

第三，营养钵的准备。将营养钵装好消毒处理后的营养土，整齐摆入苗床。嫁接前一天将营养钵浇透水，用直径 3~4 厘米的木棍在营养钵中间插一个深 4~5 厘米的坑穴（图 2-28）。

第四，病害的预防。在嫁接前一天用 72%霜霉威水剂 600 倍液或 75%百菌清可湿性粉剂 1 000 倍液喷施黄瓜苗，预防嫁接后缓苗期发生病害。

（8）嫁接的适宜时机　当砧木子叶展平、真叶刚露尖，胚轴高 5~6 厘米（图 2-29）；黄瓜刚现真叶，胚轴高达 6~7 厘米（图 2-30）时进行嫁接。

图2-29　砧木南瓜幼苗适宜嫁接
　　　　时期

图2-30　接穗黄瓜幼苗适宜嫁接
　　　　时期

（9）嫁接　把黄瓜苗和南瓜苗从苗床中起出来，起苗时要尽量保证根系完整，不要让土、污水弄脏幼苗的下胚轴（图2-31）。用刀片或竹签去掉南瓜生长点，在其子叶节下5~10毫米的胚轴

图2-31　起苗

上，真叶展开方向，按30~40度角自上而下斜切一刀，切口长5毫米左右，刀口深度为茎粗的1/2；在黄瓜苗子叶节下10~15毫米处，子叶伸展方向，按30度角自下而上斜切一刀，切口深度为茎粗的3/5，形成一个舌形楔口。然后将接穗舌形楔插入砧木的切口中（图2-32），使黄瓜子叶压在南瓜子叶上面，黄瓜苗在里，南瓜苗在外。最后夹好嫁接夹即可（图2-33）。

嫁接时的注意事项：砧木和接穗的切面要平整，切面要适当长一些；清洁操作，避免泥土污染刀口；不宜阳光直射；苗随用随起。

图 2-32　将接穗舌形楔插入砧木切口

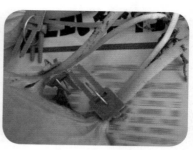

图 2-33　夹上嫁接夹

图 2-34　栽植好的嫁接苗立刻覆膜

（10）栽植嫁接苗　嫁接后的苗栽到准备好的营养钵中，将根系放入坑穴中，用少量干营养土填埋固定，然后浇水，使根系与土壤紧密接触。栽苗后在苗床上覆盖白色地膜保温保湿（图 2-34）。

（11）嫁接后的管理　嫁接后 1~3 天是愈伤组织形成的时期，应以促进接口愈合、新根发生为主，要保证苗床内湿度达 95% 以上，地膜内壁应挂满露珠，温度达 26℃以上。若温度较低，可在苗床上加设小拱棚并覆盖塑料棚膜保温（图 2-35），如果夜温较低可在塑料膜外增盖一层纸被保温（图 2-36）。为防止苗床内光照太强，可在棚膜外覆盖遮阳网。此时期如果湿度太大，每天可打开覆盖幼苗的地膜通风降湿 1 次。2~3 天以后砧木发生新根，接穗有真叶产生，其与接穗间愈伤组织也已形成，此时应及时去掉地膜，去得晚易发生病害和烂苗。去地

图 2-35　加扣小拱棚　　　　图 2-36　加盖纸被

膜应在上午进行，不要一次性全揭去，应先四周放风，2 小时后再全部揭去。揭膜后 4~5 天，白天温度保持在 25℃左右，夜间温度保持在 16~18℃，晴天中午适当遮光，防止萎蔫。以后可以同自根苗一样管理，夜间最低温度降到 13~15℃，促进嫁接苗花芽分化，育成健壮的嫁接苗。

（12）**断根方法及断根后管理**　嫁接后 10~15 天，在嫁接夹下方，将黄瓜下胚轴用手指捏伤，破坏输导组织。间隔 3~4 天，再从接口下方把黄瓜下胚轴割断（图 2-37）。断口应尽量接近嫁接接口处，以免定植后接穗断口接触地面发生不定根（图 2-38），导致发生枯萎病及黄瓜果实不亮（图 2-39）。断根后应适当遮阴。此期如发现砧木发生新芽要随时去掉，以免影响接穗生长。

图 2-37　断根

产生不定根的植
株果实蜡粉重

图 2-38　接穗发生不定根　　　　　　图 2-39　黄瓜果实不亮

2. 插接法　又称为顶部插接法。

（1）**播种时期**　砧木南瓜播种时期比接穗黄瓜早，待砧木新叶展开到直径为一元硬币大小时播种接穗。砧木点播在穴盘内，接穗直接播种在育苗盘或育苗床内（图 2-40）。播种后至出苗前温度管理同靠接法。

图 2-40　播种黄瓜

（2）嫁接时期 在南瓜幼苗第二片真叶破心前（图
2-41）、黄瓜幼苗子叶开始展开至展平（图 2-42），进行嫁接。

图 2-41 适宜嫁接的砧
　　　　　　木幼苗

图 2-42 适宜嫁接的接穗幼苗

（3）嫁接工具 嫁接前要准备好嫁接工具，包括铁钎（图
2-43）或竹签（粗度与黄瓜下胚轴相同）和刀片。

（4）嫁接操作 嫁接时，先用刀片将砧木生长点及真叶
切去，去掉时尽量多留一些组织，用于增加砧木和接穗切口的
接触面积。然后插孔，用左手拇指和食指捏住砧木靠近子叶
部分的下胚轴，右手拿铁钎或竹签从砧木一侧子叶的基部沿
子叶连线方向，向对侧子叶下方斜插约 0.5 厘米（图 2-44），

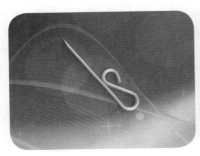

图 2-43 铁钎

图 2-44 砧木的插法

41

可刺穿茎对侧表皮（图2-45）。但不要插入髓腔，否则会使嫁接接触面变小，难以愈合，并且容易产生气生根（图2-46），导致嫁接苗假成活。黄瓜在子叶下0.5~1厘米处用刀片切成楔形，刀片方向与子叶展开方向平行，切口长与铁钎（签子）插入砧木的长度一致，约0.6厘米（图2-47），接穗切好后，立刻拔出铁钎（签子），把接穗插入孔中，要求接面完全贴合，接穗的子叶同砧木的子叶交叉成"十"字形（图2-48）。

图2-45　插接接口截面

图2-46　插入髓部产生气生根

图2-47　接穗的切法

图2-48　插接好的幼苗

（5）嫁接后的管理 嫁接后的苗覆盖白色地膜保温保湿。嫁接后的前3天是愈伤组织形成的时期，要保证苗床内湿度达95%以上，地膜内壁应挂满露珠，地温保持在28~30℃。若温度较低，可在苗床上加设小拱棚并覆盖塑料棚膜保温，并可铺设电热温床，还可在棚膜外覆盖双层遮阳网。此时期如果湿度太大，每天可打开覆盖幼苗的地膜通风降湿1次。嫁接后第四或第五天苗床湿度应降低至70%~80%，否则容易发生病害和烂苗（图2-49）；温度保持在24~26℃，每天放3次小风。此时期要时刻观察嫁接苗环境条件，是嫁接苗成活的关键时期。嫁接后第六或第七天开始放大风并延长放风时间，白天温度要保持在25℃左右，夜间温度为16~18℃，晴天中午适当遮光，防止萎

蔫。第八天开始其管理同未嫁接苗，夜间最低温度为13~15℃，促进嫁接苗花芽分化，育成健壮的嫁接苗。嫁接后第二周开始去除萌蘗，第三周检查嫁接苗成活率。

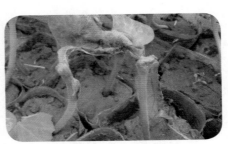

图2-49 嫁接苗腐烂

四、培育壮苗与苗期处理

（一）培育壮苗

壮苗是丰产的基础。苗期温、光、水、湿、肥管理得当才能培育出壮苗。和壮苗相对应的是徒长苗和老化苗。徒长苗抗性较弱，耐低温、耐高温、耐干旱及耐湿能力均较弱，且易发生病害。

老化苗苗龄过长，生长缓慢，定植后不易缓苗，结果期缩短，产量降低。育苗中最重要的是要培育壮苗，防止幼苗徒长与老化。

1. 壮苗　棚室栽培的黄瓜壮苗一般有如下形态特征：具4~5片真叶，叶片较大，叶色深绿，水平展开，株冠大而不尖，刺毛刚硬；子叶健全，全绿，厚实肥大；下胚轴长度小于6厘米，茎粗5毫米以上；根系洁白，主根粗壮，次生根根毛多；无病虫害；干物质含量较多，水分较少。

2. 徒长苗　植株瘦高，茎粗小于5毫米，节间长，下胚轴高，常达10厘米左右；叶薄而色浅，叶柄细长；子叶发黄，严重的子叶干枯，下部叶片也枯黄；根系稀少。徒长苗多在日照不足、夜温过高、秧苗过密、通风不良、氮肥和水分过多条件下形成。为避免幼苗徒长，育苗时要增加光照、降低夜温、适当控水、避免使用速效氮肥。

3. 老化苗　植株矮小，节间很短，茎细；叶片颜色极深、无光泽，叶片小而皱缩，近生长点叶片抱团；根系老化、色暗、不发达。在苗床长期低温、土壤板结缺肥、控水过度条件下形成。为避免幼苗老化，育苗时要保证苗床的适宜温湿度，避免控温、控水过分。

（二）苗期处理

如果黄瓜品种是普通品种，特别是夏秋季节育苗，应在苗期喷施乙烯利促进雌花分化。当幼苗2~3片真叶时喷施100~200毫克/千克乙烯利溶液（40%乙烯利1毫升兑水2~4千克），5~7天后再喷1次。如果品种是雌型品种则无须处理。对于徒长苗除了适当控水、控温、控肥外，还可喷施25%甲哌啶水剂2 500倍液，控制幼苗生长。

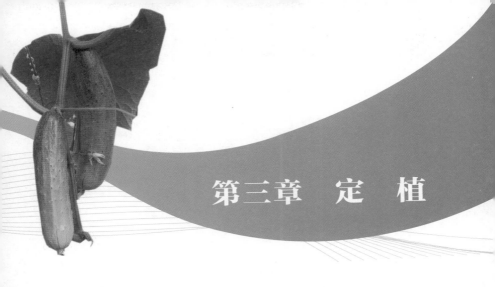

第三章 定 植

一、定植前的准备

（一）栽培场所

1. 设施的准备 保护地栽培的，要在定植前 20~30 天覆盖好棚膜及保温设施，提高土壤温度。

2. 清洁栽培场所 定植前清理栽培场所，除去上茬残留的枯枝烂叶，清除栽培场所四周杂草，将棚室栽培区打扫干净。

3. 整地施肥

（1）不同茬口、设施的施肥量和整地方式 茬口不同、设施不同，施肥量和整地方式也不同（表 3-1）。

表 3-1　不同茬口、设施的施肥量及整地形式

设施	茬口	施肥量（千克）	整地方式
塑料大棚	春茬	有机肥 6000，磷酸二铵 50，过磷酸钙 20	单垄、双垄、高畦

续表

设施	茬口	施肥量（千克）	整地方式
塑料大棚	秋茬	有机肥 4000，磷酸二铵 20，过磷酸钙 10	平畦、双垄
日光温室	越冬茬	有机肥 8000，磷酸二铵 50，过磷酸钙 50	单垄、双垄、高畦
	早春茬	有机肥 6000，磷酸二铵 50，过磷酸钙 20	单垄、双垄、高畦
	秋冬茬	有机肥 5000，磷酸二铵 50，过磷酸钙 20	单垄、双垄、高畦
小拱棚	春茬	有机肥 5000，磷酸二铵 20，过磷酸钙 10	高畦、双垄
露地	春茬	有机肥 5000，磷酸二铵 20，过磷酸钙 10	瓦垄畦、高畦、双垄
	夏秋茬	有机肥 4000，磷酸二铵 20，过磷酸钙 10	瓦垄畦、高畦、双垄

（2）整地　按照表 3-1 的要求在栽培区施足基肥，喷 1 遍水来增加土壤湿度，然后深翻整平。温室内可使用小型旋耕机（图 3-1）翻地，可大幅度节省劳动时间、减轻劳动强度、提高整地质量。根据茬口和设施不同，可按以下 5 种方式整地（图 3-2）。

图 3-1　小型旋耕机

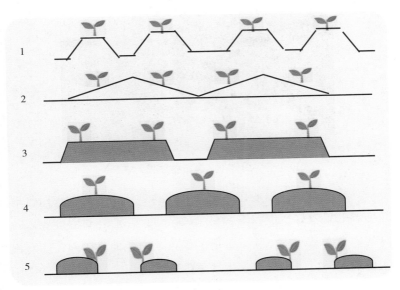

1. 大小垄　2. 瓦垄畦　3. 高畦　4. 单垄　5. 平畦

图 3-2　不同整地方式

①大小垄。小行距（中间为水沟）50 厘米左右，大行距（中间为过道）70~80 厘米，垄高 10~15 厘米。

②瓦垄畦。按 130~145 厘米间距开沟，将土翻到两侧，再用平耙将沟的两侧耙成覆瓦状，在畦背的两侧开沟播种或定植。

③高畦。畦宽 50~60 厘米，沟宽 30 厘米左右，畦高 20~30 厘米，在畦面按 40~50 厘米行距定植或播种。

④单垄。垄高 10~15 厘米，每 80~100 厘米为 1 垄，垄间留过道。

⑤平畦。畦宽 60 厘米左右，畦两侧各有一小垄，垄高 10 厘米左右，垄宽 10 厘米左右，畦间设宽 50~60 厘米的过道。

（3）覆膜　黑色地膜（图 3-3）能够有效防止杂草生长，

图 3-3　覆黑色地膜

减少除草用工量，一般在不需要升温的夏秋季节使用。白色地膜增温效果较好，但膜下容易生长杂草，一般在对温度要求较高的冬春季节使用。除了常用的黑色、白色地膜以外，还有银灰色地膜，可以在蚜虫发生严重的地方使用。光降解膜在使用一段时间后可自动降解，能防止地膜残留土壤中造成环境污染。切口膜按照株距预留切口，使用时将秧苗从切口处引出，可在先栽苗后覆膜时使用。覆膜前要做好膜下水沟（图 3-4），水沟要求沟底水平，并踩实。如果采用滴灌，要在覆膜前铺好滴灌管（图 3-5），并打开水阀，检查滴灌系统有无破损渗漏的地方。覆膜要求平整、紧实，边缘用土压实。

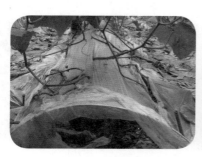

图 3-4　水沟上面覆盖地膜

图 3-5　做垄（单垄）、铺设滴灌管

（二）秧苗锻炼

冬春季节定植的，要在定植前 7 天对幼苗进行抗寒和抗旱锻炼。要降低苗床温度，并控制浇水。如果条件允许，要把秧苗提前转移到栽培场所，以适应栽培场所环境条件，这样定植后能较快缓苗。

二、定 植

（一）密 度

一般黄瓜每亩栽种 3 000~4 500 株，具体栽培密度要根据品种特征、生长期长短、土壤肥力等条件确定。开张角度大、中晚熟品种、主侧蔓结瓜、长季节栽培的，密度要适当小一些，可每亩种植 3 000~3 500 株；开张角度小、早熟品种、强调前期产量、以主蔓结瓜为主、采收期较短的，密度要适当大一些，可每亩种植 3 500~4 500 株。

（二）定植时间

1. 季节 冬春季节要选择寒尾暖头的晴天进行，最好保证定植后的 3~5 天均为晴朗天气，以利于提高棚室温度，促进幼苗生根和缓苗；夏秋季节最好选择阴雨天进行，如果是晴天定植，最好选在下午，以免高温强光导致幼苗失水，影响成活率。

2. 温度 保证 10 厘米土层的温度稳定在 12℃时进行。

（三）定植方法

1. 是否覆盖地膜 覆盖地膜有提高地温、降低湿度、保水保墒、防止土壤板结、节省用水、抑制杂草等作用。一般冬春季节为提高温度，应该覆盖地膜。使用滴灌的，要在整地并铺设滴灌管后覆膜。夏秋季节温度高、光照强，为降低温度，可以不覆盖地膜。

图 3-6　沟栽

2. 沟栽或穴（墩）栽　先定植后覆盖地膜的或夏秋季节栽苗，多采用沟栽方法（图 3-6）。沟栽的优点是定植水充足，方便操作。

先覆盖地膜后定植的或冬春季节栽苗，多用穴（墩）栽。对于先覆地膜后定植的，要在覆膜后用打孔器（图 3-7）按株距打孔（图 3-8），作为定植穴；对于未覆盖地膜的，可用镐头按株距刨墩。

图 3-7　打孔器

图 3-8　覆膜后打孔

3. 浇　水

（1）**带水稳苗**　先向定植沟或穴内浇水，然后趁水未渗下时将幼苗按株距插入泥土中（图 3-9）。水渗下后封沟或封埯，封土厚度以覆盖幼苗土坨 1~2 厘米为标准。如果是穴栽，担心浇一遍水量不足，可以等第一遍水渗下后，再浇一遍水，然后封埯。此种方法直接把苗插入泥土中，秧苗不会随浇水移动位置，根系与土壤接触紧密。

图 3-9　带水稳苗

（2）**先摆苗再浇水**　先把幼苗按株距摆在定植沟内，用少量土覆盖在幼苗四周，固定幼苗，然后浇水，待水渗下后封沟。如果是穴栽，则把幼苗摆在事先打好的定植穴内（图 3-10）。摆苗时要根据定植穴的深浅和苗的大小调整苗的深度，一般以幼苗土坨低于畦面 2 厘米为标准，待水渗下后封埯（图 3-11）。

图 3-10　先摆苗再浇水

图 3-11　浇水后封埯

图说黄瓜栽培与病虫害防治

有滴灌的，可以先把苗栽好，然后利用滴灌浇水（图 3-12）。采用这种方法时要控制好浇水量，既要保证幼苗根部土壤湿润，以利于扎根生长；也不能使水量太大，特别是低温季节，要防止水量过大造成沤根。穴盘苗可利用栽苗器（图 3-13）一次性完成刨埯、栽苗、封埯三个步骤。使用时握住栽苗器的握手，把穴盘苗扔入栽苗器的入苗口，然后把栽苗器插入垄台或畦面，拉紧放苗柄，苗就进入土中，这时提起栽苗器，苗就栽到了地里。这种方法比较省工、栽苗速度快。

图 3-12　先栽苗再用滴灌浇水

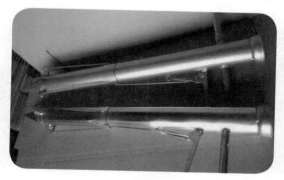

图 3-13　栽苗器

第四章 定植后的管理

一、缓苗期管理

（一）管理重点

定植后 5~7 天为缓苗期。此期要保证黄瓜生长所需的适宜环境条件，促进幼苗生根缓苗。

（二）温光管理

冬春季节要以升温为主，保护地栽培的应尽量提高棚内温度，定植后 2~3 天只要棚内温度不超过 35℃不放风，同时要保证棚内地温在 12℃以上。如果棚内温度超过 35℃，可在背风侧通风。春季塑料大棚定植后常会遇到寒流，此时可在棚内增设小拱棚、天幕，或在棚室侧面覆盖草帘保温。

夏秋季节定植的要以控制温度、减弱光照为主，尤其是秋冷棚栽培的。这一茬口定植时正处高温、强光照季节，棚室内温度很高，要注意把棚室侧面揭开，大通风，尽量降低棚室温度。如果通风后温度仍然过高，可在棚室上面覆盖遮阳网、喷"立凉"、糊稀泥，通过减少光照来降温。

（三）肥水管理

图 4-1　定植后已缓苗的幼苗

缓苗期内一般不浇水追肥。定植后 5~7 天，当舒展变大、新叶长出后，说明幼苗已缓苗（图 4-1），要及时浇缓苗水，水量不宜过大。结合苗情，可随水追施促苗肥，可以每亩施用 5 千克左右的硝酸铵。

二、抽蔓期管理

从缓苗后到根瓜坐住为抽蔓期。抽蔓期以促根控秧为主。

（一）冬春季节管理

此期一般不浇水，以中耕为主。此期浇水容易造成营养生长过旺，发生徒长，引起化花、化果。一般当根瓜变粗、颜色变深时，停止控苗并开始追肥浇水。由于外界温度尚低，浇水应选晴天上午进行。可以随水追施微生物有机肥，也可穴施磷酸二氢钾 5~6 克，还可以施用腐熟的稀粪或每亩施硝酸铵 15~20 千克。对于保护地栽培的，要求白天温度保持在 30~32℃，夜间 12~15℃。当棚内温度达到 32℃时开始通风，午后温度降到 25℃以下时闭风。

　　缓苗后应及时吊蔓（图 4-2）、插架（图 4-3）、绑架等。为了促进根系和主蔓生长，10 节以下侧枝应该尽早打掉。上部侧枝是否打掉要根据植株生长情况，叶腋有主蔓瓜的侧枝应该打掉，没有的可保留，当结 1 条瓜后，上边留 1~2 片叶摘心。如果下部有病叶、老叶，要及时打掉。

图 4-2　吊蔓

图 4-3　插架

（二）夏秋季节管理

　　夏秋季节栽培黄瓜时，抽蔓期温度仍较高，保护地栽培的应打开通风口，昼夜通风（图 4-4）。缓苗后，覆盖遮阳网的应该逐渐去掉遮阳网，使秧苗适应外界的光照条件。此时温度较高、光照较强，要根据植株情况适当浇水，水量不宜过大。既要防止植株缺水，不能满足生长需求；也要防止灌水太多，使植株徒长。

图 4-4　秋温室栽培抽蔓期大放风

可采用小水勤浇的方法，水量同缓苗水。小水勤浇既可以满足植株水分需求，也可以降低地温，同时又不会因为灌水太多，使植株徒长。当根瓜伸长、瓜柄颜色转绿时，开始浇水追肥。如果肥水早了，会导致植株徒长疯秧；肥水晚了，会导致瓜坠秧。根瓜坐住前浇水时不必追肥，根瓜坐住后开始追肥。浇水一般在晴天进行。追肥可选用微生物有机肥或化肥，可每亩选用磷酸二铵或硫酸铵15~30千克。

此期要及时吊蔓或绑蔓、除草，保护地栽培的注意在降雨时及时关闭通风口，防止植株被雨水淋湿。注意防治瓜绢螟、蚜虫、白粉虱等虫害，防治白粉病、病毒病等病害。

三、结果期管理

从根瓜开始采收到拉秧为结果期。此期植株生长处于最旺盛时期，栽培管理上要促进地上部分和地下部分、营养生长和生殖生长协调生长，做到促控结合。

（一）冬春季节管理

1. 肥水管理

（1）日光温室早春茬和塑料大棚春季栽培　结果期外界温度、光照等条件逐渐适合黄瓜生长，黄瓜对肥水的需求也越来越高，应供给黄瓜充足的肥水，以达到高产高效。采收初期，植株尚小，结瓜也少，此时外界温度也低，通风量较小，所以浇水次数和水量都应少些，一般每5~7天浇1次水，浇水宜在晴天上午进行。结果盛期，植株高大，结瓜增多，外界温度升高，通风量加大，需要肥水较多，一般每3~4天浇1次水。每隔 1 次清水，随水追肥 1 次。追肥可选用腐熟的稀粪、微生物有机肥或各种化肥，如尿素、硝酸铵、硫酸钾等。最好是有机肥与化肥交替使用，每次每亩施用稀粪 500~1 000 千克或尿素 10 千克或硝酸铵 15 千克或硫酸钾 15 千克。结瓜盛期可采用叶面追肥，每 7~10 天喷施 0.2% 的磷酸二氢钾等叶面肥 1 次。采用滴灌系统的，最好加装施肥器。最常用的是文丘里施肥器（图 4-5）。

图 4-5 文丘里施肥器

（2）日光温室越冬茬栽培　在 2 月前温度较低，水分要适当控制，每 10~20 天浇 1 次水，清水和肥水交替进行；2 月后，外界温度回升，植株生长旺盛，进入采收盛期，每 5~10 天浇水 1 次，清水和肥水交替进行。追肥可根据植株情况、土壤特点等，选用有机肥和化肥交替进行。有机肥可用微生物有机肥，化肥可用尿素、磷酸二铵、硫酸钾、碳酸氢铵等，一般每次每亩追肥 10~15 千克。此期还要注意叶面肥和气肥的使用。叶面肥可选用 0.2% 磷酸二氢钾、0.2% 尿素或其他专用叶面肥。气肥主要是施用二氧化碳气体（图 4-6），早春温室施用二氧化碳气肥可以显著提高黄瓜光合作用强度，同时对呼吸作用有抑制作用，从而有利于提高黄瓜产量。黄瓜施用二氧化碳气肥后，光合速率提高，植株体内糖分积累增加，

图 4-6 吊带式二氧化碳气肥

从而在一定程度上提高了黄瓜的抗病能力。增施二氧化碳气肥还能使叶和果实的光泽变好，外观品质提高，同时维生素 C 的含量也大幅度提高，营养品质改善。具体可采用碳酸氢铵加硫酸、液态二氧化碳、二氧化碳颗粒肥及大量施用有机肥等方法进行。施用二氧化碳气肥时应注意：要在外界温度尚低、每天通风量很小时使用，外界温度高、通风量大时，温室环境中二氧化碳含量可以满足生育需求，不必使用二氧化碳气肥；要选择晴天的上午；适当提高棚内温度，不放风。

（3）**春季露地栽培** 结果期外界气温逐渐升高，营养生长和生殖生长速度不断加快，肥水的吸收量也不断加大，此期管理上以促为主。应加大肥水，可每 1~2 天浇 1 次水，甚至每天浇水。浇水应在晴天早晨进行，要小水勤浇，不宜大水漫灌。追肥结合浇水进行，每隔一次水，随水施一次肥，化肥和有机肥要交替使用。化肥宜选用速效肥，施用量不宜过大，每次每亩可施尿素 8~10 千克或磷酸氢铵 20 千克；有机肥应选用微生物有机肥或充分腐熟的养分含量较高的肥料，如腐熟的鸡粪、人粪等。

2. 温湿度管理 对于保护地栽培的此期要采用四段变

温管理：上午温度控制在 28~30℃，下午 20~25℃，上半夜 16~19℃，下半夜 12~14℃。白天保持高的温度可以促进光合作用，增加糖类合成；上半夜的较高温度可以促进光合产物从叶片向果实运输；下半夜光合产物已经完成运输，此时调控到较低温度能防止徒长和呼吸消耗。采收前期外界温度尚低，宜放顶风；采收中后期，外界温度不断提高，要注意加大放风量，通过棚室腰部、后窗及顶部通风，外界最低温度高于 15℃时，可昼夜通风。

顶部通风可采用条带式（图 4-7），也可采用烟筒式（图 4-8）。冬春季节为了防止外界冷空气及雨、雪等直接侵袭黄瓜植株，可在条带式通风口下加装缓冲棚膜（图 4-9）。烟筒式通风口可以在降低棚内湿度的同时，减少热量损失。

图 4-7　温室顶部条带式通风口

图 4-8　温室顶部烟筒式通风口

图 4-9　温室顶部条带式通风口下增设缓冲带

冬季可在温室前屋面底部增设二层棚膜（图4-10），以提高温室底角部温度，减少病害发生。温室外部除了可用草帘和保温被等保温材料保温外，还可以在草帘或保温被下放一层纸被保温。同时，可在温室外前屋面处侧立一排草帘减少横向温度损失、在温室前过道处铺一层草帘减少温度通过土壤向外传导（图4-11）。对于没有作业室的温室应该在温室出入口处增设二道门（图4-12，图4-13），减少热量损失。通过保温措

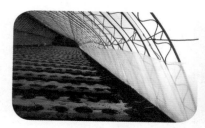

图4-10　温室底部增设二层膜

图4-11　铺设草帘减少热量损失

图4-12　二道门外部

图4-13　二道门内部

施仍然不能满足温度要求的，则要通过加温设施增加棚室温度，常用的有热风炉（图4-14）、炉火（图4-15）、暖气（图4-16），短期也可用酒精、蜡烛等加温。

冬春季节外界温度低，通风量较小，保护地容易出现高湿环境，引发病害。此时可以在行走沟覆盖稻壳（图4-17）来降低空气相对湿度，行走沟的稻壳可以吸收空气中的水分，降低空气相对湿度。拉秧后，稻壳还田还可以增加土壤中碳的含量，调整土壤碳氮比，改良土壤。

图4-14 热风炉

图4-15 炉火增温

图4-16 暖气加温

图4-17 行走沟覆盖稻壳

3. 光照管理　保护地栽培要随时清洁棚膜，增加透光率。在多风地区，可在温室棚膜外每隔 2~3 米设一布条，布条在风的作用下会左右摆动，从而自动清洁棚膜（图 4–18）。在温室后墙张挂反光幕（图 4–19），可增加后部植株光照 50% 左右。必要时还可进行人工补光，每天揭苫前与揭苫后各补光 1~2 小时，光源可选用 100~200 瓦白炽灯或生长专用补光灯（图 4–20），温室内每 3~4 米间距吊挂一灯，灯悬挂在距离龙头高 1 米左右处。为防止补光灯烤化棚膜，灯泡应距离棚膜 0.5 米以上。随着外界温度不断升高，当最低气温超过 8℃时，及时去除草帘等覆盖物，增加透光面。

图 4–18　利用风能摆动布条以清洁棚膜

图 4–19　后墙张挂反光幕

图 4–20　设施专用防水节能补光灯

4. 植株调整　要及时绑蔓、落蔓、打卷须、打侧枝、去除病叶老叶等。用尼龙绳或塑料绳吊蔓，按同一旋转方向呈"S"形绑蔓。吊蔓还可用专用的挂钩（图 4–21）或塑料夹（图 4–22），使用工具吊蔓可方便以后落蔓。当株高接近屋面时或高 1.6~1.8 米时进行首次落蔓，以后要及时落蔓使龙头始终离地面 1.5~1.7 米（图 4-23）。落蔓前 3~5 天最好不要浇水，降低茎蔓的含水量，提高茎蔓韧性，避免落蔓时折断茎蔓。落蔓不要一次落下太多，一般每次 30~50 厘米。落蔓时先打掉要落下的茎蔓下部的叶片，然后将下部没有叶片的茎蔓按一定方向整齐盘好（图 4-24），注意不要将茎蔓碰折、水淹，落下的茎蔓不要放在过道上，以防走

图 4-21 专用挂钩吊蔓

图 4-22 塑料夹吊蔓

图 4-23 落蔓后使植株处于相同高度

图 4-24 把茎蔓按一定方向盘好

路踩踏。人工栽培中黄瓜卷须失去作用，不仅浪费营养，还容易感染病害，应该及时掐掉。一般每隔 2~3 天掐 1 次卷须。保护地栽培以主蔓结瓜为主，侧枝要及时打掉。对于塑料大棚及露地春季栽培，也可在植株长到 25 片叶时摘心，促进产生回头瓜。

5. 促进坐果 冬春季节光照弱、温度低，不利于果实膨大。通过人工授粉、熊蜂授粉或使用植物生长调节剂可以促进坐果，提高处理期的产量。

对单性结实能力较弱的品种，在低温弱光条件下容易形成尖嘴瓜，果实膨大慢，产量低。可通过人工授粉促进坐果。人工授粉应在上午进行，选当天开放的雄花（图 4-25）给当天开放的雌花（图 4-26）授粉。

图 4-25 当天开放的雄花

图 4-26 当天开放的雌花

图 4-27 熊蜂授粉

熊蜂授粉可提高坐果率和产量。在黄瓜坐果期每亩棚室放养熊蜂 50 只左右即可，蜂箱置于离地面 50 厘米高的凉爽处（图 4-27）。放养熊蜂期间，应谨慎打药或熏药，使用药剂时应把熊蜂转移到未用药棚室。打药后应加大通风量，使农药尽快散去。

用植物生长调节剂可以减少化瓜、促进坐果、调整产量。常用的调节剂有氯吡脲（又名吡效隆、施特优）、赤霉素、防落素、2，4-D、萘乙酸等。其中用 10 毫升 / 千克氯吡脲效果最好，使用方法为：当黄瓜雌花花朵长至要吐黄即将开放时，将整个果实（包括子房、花朵）全部浸泡在 10 毫升 / 千克氯吡脲中（图 4-28），

持续 3 秒。蘸花后保证溶液不聚集，氯吡脲使用时要用颜料标记，避免重复使用。雌花刚吐黄时蘸花可使果实采收后顶端仍带着花冠，果实看着非常鲜嫩。如果雌花已完全开放后蘸花，则果实成熟时不会有花冠。

图 4-28　使用氯吡脲蘸花

6. 采收　根瓜要及时采收，防止坠秧。之后要根据果实大小、市场需求、行情变动，及时采收。一般结瓜初期每 2~3 天采收 1 次，结瓜盛期晴天每天采收，阴雨天每 2~3 天采收 1 次。采收应该在早晨进行，此时瓜条含水量高，肉质鲜嫩。摘瓜时要细致操作，防止漏采，及时摘掉畸形瓜。采收后的果实要进行必要的分级，淘汰畸形果、病果，将符合条件的果实轻轻摆入纸箱（图 4-29）、塑料桶等容器内，防止碰伤黄瓜。如果温室较长，为节省体力可在温室后坡处安装轨道式温室运输车（图 4-30，图 4-31），以运送采好的果实。

图 4-29 采收装箱

图 4-30 挂轨式轨道运输车

图 4-31 铺轨式轨道运输车

7. 病虫害防治 此期也是病虫害多发时期，要加强病虫害防治。结果期前期容易发生霜霉病、枯萎病、疫病、黑星病等病害，后期容易发生枯萎病、白粉病、霜霉病、细菌性角斑病等病害。整个生育期容易发生温室白粉虱、潜叶蝇、蚜虫、

红叶螨等虫害。病虫害防治要以防为主，具体方法参见第六章
的有关内容。

（二）夏秋季节管理

1. 温度管理 此期外界温度逐渐降低，应逐渐减少通风
时间。温室栽培的在中后期及时增加草帘等设施。当温室夜温
降到15℃以下时，夜晚要闭风保温。一般棚室温度调控到白天
达到25~30℃，夜间达到12~18℃。当温室夜温降到10~12℃
时，开始覆盖草帘，使夜间最低气温高于12℃，防止冻害发
生。通过调整通风及揭、盖草帘时间，使温室内温度达到四段
变温管理的温度要求。

2. 肥水管理 采收前期光照强、温度高、通风量大、土
壤水分蒸发量大，要勤浇水，水量要大些，每5~6天浇1次
水，每隔1~2次水追肥1次。采收中后期外界光照减弱、温
度降低，要逐渐减少浇水追肥次数和用量，一般每10~12天
浇1次水，每隔1~2次水追肥1次。采收后期一般停止根部
追肥，可进行叶面追肥，补充营养。追肥可选用微生物有机
肥或尿素、硫酸铵、磷酸二铵等化肥，每次每亩约施尿素10
千克或硫酸铵20千克或磷酸二铵20千克。各种肥料要交替
施用。

3. 光照管理 7—8月光照很强，此时期需要一定时期、
一定强度遮光处理，来减弱光照、降低温度。可以在设施外覆
盖遮阳网降低光照强度（图4-32），也可以在棚膜上喷施减弱
光照的专用产品"立凉"（图4-33），这种物质可以在一定时
间后自动降解，恢复棚膜的透光性；有的地方为了降低成本也

可以将稀泥糊在棚膜上（图4-34）来降低光照。

图4-32　温室外覆盖遮阳网

图4-33　棚膜上喷施"立凉"

图4-34　棚膜上糊稀泥

4. 植株调整　普通花型品种可将10节以下侧枝尽早去除，上部侧枝见瓜后留1~2片叶摘心，秧满架后及时打顶，促进回头瓜产生；雌型品种可将所有侧枝去除，植株长到一定高度后落蔓，一直利用主蔓结瓜。此期要及时去除病叶、老叶，及时拔除杂草，促进通风透光。

5. 采收　　根瓜要适时采收，植株营养生长过旺的徒长株可适当晚采。采收前期温度、光照等条件较适合黄瓜生育需要，黄瓜产量较高、品质较好，采收频率也高，一般每天早晨采收 1 次。采收后期，外界温度逐渐降低，黄瓜产量也逐渐降低，应逐渐减小采收频率。

6. 病虫害防治　　夏秋季节病虫害较重，要特别重视病虫害防治。此茬黄瓜很早就容易发生病毒病、白粉病，中后期容易发生霜霉病、细菌性角斑病、灰霉病、蔓枯病、菌核病等病害。全程容易发生蚜虫、温室白粉虱、潜叶蝇、红叶螨等虫害。病虫害防治要以防为主，具体方法参见第六章的相关内容。

第五章 黄瓜病虫害的防治原则与方法

一、病虫害防治原则

黄瓜病虫害防治应该贯彻"预防为主、综合防治"的植保方针。在防治中要坚持以农业防治为基础，优先采用生态防治、营养防治、生物防治和物理防治，科学合理使用化学防治，综合运用各种防治方法，这样才能最大限度地减少化学药剂的使用，提高防治效率，使产品达到无公害或绿色产品的要求。

二、病虫害防治方法

（一）农业防治

农业防治是采用农业技术措施防治病虫害发生的一种防治方法，实质是创造适宜农作物生长而不利于病菌和虫卵生育的环境条件，从而预防病虫害发生。农业防治是病虫害防治的基础和最重要的防治措施。

　　1. 控制病虫害传入　要加强植物检疫，严格执行检疫制度，防止各种病虫害从国外、外地传入。尤其工厂化育苗要做到种子消毒、培育无病虫壮苗，防止病虫害跨区域传播。

　　2. 选择适宜良种

　　（1）**选择适宜品种**　要选择适宜当地气候、设施和栽培季节的品种。

　　（2）**选择优良品种**　在适宜品种中尽量选择抗病品种。

　　（3）**选择优良种子**　要选择不带病菌、成熟饱满的种子。

　　3. 培育无病虫壮苗

　　（1）**进行种子消毒**　可用温汤浸种、药剂消毒、种膜剂处理及药剂拌种等方法。

　　（2）**育苗场消毒**　使用前消毒育苗场所可减少病原菌和害虫。可采用高温闷棚、药剂熏蒸等方法。

　　（3）**配制好营养土**　营养土既要通气、有足够营养，也要无病菌、害虫。

　　（4）**加强苗期管理**　控制好温度、水分、光照等条件，并及时防治苗期病虫害。

　　（5）**嫁接育苗**　通过嫁接育苗可有效预防土传病害发生，同时提高植株抗性和根系吸收能力，促进植株强壮，推迟或减轻一些病害的发生。

　　4. 改善栽培场所　栽培场所的残枝、落叶、杂草、土壤及保护地的内表面常是病虫栖息之地。

　　（1）**优化保护地结构、选择优质棚膜、畅通排水通道**　要根据实际条件尽量采用合理的建材修建优型日光温室和大棚，选用抗老化无滴膜（图 5-1，图 5-2），设置顶部及腰部通风口，保护地的通风口及通道要设置防虫网，露地栽培要修好排水沟，防止因水淹而引发各种病害。

图 5-1 选用抗老化无滴膜

图 5-2 使用非无滴膜容易起雾

（2）轮作 黄瓜连作会引发和加重各种病害，通过轮作可以减少病虫积累，减轻危害。如果条件允许最好能与非瓜类作物行 3~4 年轮作。

（3）清洁田园 在播种和定植前要及时清除残枝、落叶、杂草，整个栽培管理过程要及时除草。清洁范围不仅包括栽培区、棚室内，还要清洁栽培毗邻区，防止周边杂草上的病原菌、害虫对黄瓜的侵袭。同时妥善处理打掉的老叶、病叶，避免病虫害扩散。

（4）土壤与棚室消毒 利用夏季保护地休闲季节及外界高温条件，进行土壤高温消毒。也可以在播种或定植前用硫磺、百菌清等烟剂进行保护地内表面和空间消毒。

（5）深耕晒垡 通过深耕改变病虫生活的环境条件，从而降低病虫基数。

（6）科学施肥 以有机肥为主，适量使用化肥。有机肥一定要腐熟并经过无害化处理，以免诱发各种生理性病害和带入病虫；合理使用氮肥，氮肥过多会加重病害发生；适当增施磷、钾肥，增强植株抵抗力。

5. 调整栽培环境条件 通过调整栽培场所的温湿度等环境条件，创造有利于黄瓜生长而不利于病虫发生的环境条件，从而达到预防与控制病虫害发生的防治方法。

病害发生需要一定的温湿度条件，如果温湿度条件都满足病菌生长发育要求，会导致霜霉病、黑星病等病害迅速发生蔓延。通过调整保护地的温湿度条件，使温、湿两个条件中至少有一个条件不适宜病菌生长，可以达到预防与控制病害发生的作用。具体做法：上午如果棚室外温度允许，先通风1小时，排出湿气，然后密闭棚室，将温度升到28~32℃（不可超过35℃），这样有利于黄瓜进行光合作用，通过温度、湿度双因子抑止病菌生长。下午通风，使温度降到20~25℃、湿度降到65%~70%，能够保证叶片不结露，通过湿度因子限制病菌的萌发。夜间不通风，湿度会达到80%以上，但温度降到11~12℃，通过温度因子限制病菌生长。进行温湿度调控时要悬挂温湿度计（图5-3），及时观测温湿度变化情况。

图5-3 温湿度计

6. 其他农业措施

（1）地膜覆盖 地膜覆盖有提高地温、抑制杂草、减少浇水次数、降低空气相对湿度等作用，可使环境更适合黄瓜生长而不适合病菌生长繁殖。

（2）植株调整　要及时绑蔓、打侧枝、去卷须、打掉下部老叶病叶等，通过合理的植株调整，可以更好地通风透光，促进黄瓜生长，减轻病害发生。

（3）中耕除草　及时中耕可以提高地温，促进黄瓜生长，提高植株抗病能力。及时除草可更好地通风，减少害虫寄主。

（二）生物防治

生物防治是指利用生物或生物药剂来防治病虫害的方法。

1. 利用天敌　利用丽蚜小蜂防治温室白粉虱，利用姬小蜂防治美洲斑潜蝇，利用瓢虫、草蛉防治蚜虫、叶螨、红蜘蛛及温室白粉虱等。

2. 施用昆虫生长调节剂和特异性农药　这类农药可以干扰害虫的生长发育和新陈代谢，使害虫缓慢死亡。此类农药具有低毒、对害虫天敌影响小的特点。常用的有除虫脲、米螨、抑太保等。

3. 施用生物药剂　包括细菌、病毒、抗生素等，这些药剂对人、畜安全，但药效较慢。可用嘧啶核苷类抗菌素或武夷霉素防治白粉病、灰霉病等病害；用新植霉素或农用链霉素防治细菌性角斑病。

（三）物理防治

利用热、光、隔离等物理方法进行的病虫害防治为物理防治。

1. 黄板或蓝板诱杀　利用涂有粘虫胶或机油的橙黄色木

板或塑料板（图 5-4），可以诱杀蚜虫、温室白粉虱等多种害虫。利用涂有粘虫胶或机油的蓝色木板或塑料板（图 5-5），可以诱杀蓟马等害虫。

图 5-4　张挂黄板诱杀害虫

图 5-5　张挂蓝板诱杀害虫

2. 高温土壤消毒　在夏季休闲季节，将重茬地块密闭棚室、覆盖地膜，提高地温（图 5-6），可以减轻根结线虫、黄瓜枯萎病的发生。

3. 种子消毒　温汤浸种（55~60℃水浸种 15~20 分钟）或高温干热条件下（干燥的种子在 70℃温箱中

图 5-6　温室高温消毒

处理 72 小时）处理种子，可以防止由种子带菌传播的多种病害。

图 5-7　覆盖银灰色地膜

4. 高温闷棚　密闭棚室，使室温升高至 45℃，持续 2 小时，可以防治霜霉病。

5. 银灰膜避蚜　覆盖银灰色地膜（图 5-7）可以驱避蚜虫。

6. 采用紫外线阻断膜　选用紫外线阻断膜作为棚膜，可以减轻灰霉病、菌核病等病害。

7. 遮光措施　高温强光季节在棚膜外覆盖遮阳网、喷施"立凉"、糊稀泥等方法可以降低光照强度、温度，预防病毒病的发生。

8. 覆盖防虫网　在保护地通风口及通道口覆盖防虫网（图 5-8）可以防止外界害虫侵入。夏秋季节虫害较重，可在育苗床上搭建小拱棚，覆盖防虫网（图 5-9），减少病害。

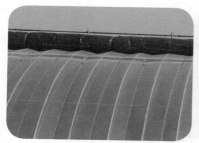

图 5-8　通风口覆盖防虫网

图 5-9　夏秋季节覆盖防虫网育苗

9. 杀虫灯诱杀害虫　杀虫灯（图5-10）可诱杀鳞翅目、鞘翅目、直翅目、半翅目等害虫，如斜纹夜蛾、棉铃虫、甜菜夜蛾、甘蓝夜蛾、地老虎、烟青虫等。用杀虫灯诱杀操作简便，效率较高，每天可诱杀几百到几千头，同时可减少化学农药使用量。

图5-10　太阳能杀虫灯

（四）化学防治

化学防治具有直接、快速有效等特点。但在使用时要严格遵守农药使用原则和标准，选用高效、低毒、低残留农药，科学合理地使用化学农药。

1. 农药使用原则　使用的农药必须是高效、低毒、低残留的非禁用农药，并严格按照国家农药使用标准使用。

（1）**禁用的农药**　共18种：六六六、滴滴涕、毒杀芬、二溴氯丙烷、杀虫脒、二溴乙烷、除草醚、艾氏剂、狄氏剂、汞制剂、砷、铅类、敌枯双、氟乙酰胺、甘氟、毒鼠强、氟乙酸钠、毒鼠硅。

（2）**限用的农药**　共20种：甲胺磷、甲基对硫磷、对硫磷（1605）、久效磷、磷胺、甲拌磷（3911）、甲基异柳磷、特丁硫磷、甲基硫环磷、治螟磷、内吸磷（1059）、克百威、涕灭威、杀线磷、硫环磷、蝇毒磷、地虫硫磷、氯唑磷、苯线磷、氧化乐果。

（3）**药品的选择**　要选择正规的农药产品。正规农药产品的包装要具有：各有效成分的中文通用名、含量和剂型，农药登记证号，生产许可证，商标，生产厂（公司）名称、地址、电话、传真和邮编等，毒性标志，贮运图标，有效成分含量、净含量，生产日期或批号，产品质量保证期，产品使用说明等。不得购买无厂名、无药名、无说明的"三无"农药。

2. 化学防治的原则与方法

（1）**细致观察、及早发现**　要治早、治小。

（2）**诊断准确、用药正确**　要掌握病虫害症状，做到准确诊断。掌握防治各种病害的药品及使用方法。

（3）**适时定位用药**　要掌握病虫害发病规律，如灰霉病主要侵染花瓣，其次是柱头和小果实，防治要提前到花期，重点喷花瓣和幼瓜；霜霉病、白粉病等病害，叶正背面都有病菌分布，所以用药时叶子正反面都要喷。

（4）**合理混用农药**　同类性质（指在水中的酸碱性）的农药才能混用，中性农药与酸性农药可混用，有些农药不可与碱性农药混用，常见的碱性农药有石硫合剂、波尔多液等。

（5）**喷药细致、交替用药**　雾滴要小、植株的重点部位要喷到；不同类农药交替使用。一般病害每6~7天喷药1次，虫害每10~15天喷1次。喷药要选晴天进行，温度高时浓度适当低些，小苗、开花期喷药量要小。为减轻劳动量可使用小型充电式电动喷雾器，栽培面积较大的也可使用电动喷雾车（图5-11）。为提高防治效果可使用弥雾机（图5-12）进行喷雾。对于大面积栽培的甚至可以使用无人机喷药，来提高防治效率。

图 5-11 电动喷雾车

图 5-12 弥雾机

（6）**注意安全** 要保证产品安全、施药人员安全。要保证产品安全就要严格遵守农药使用原则与标准；要保证人员安全就要在施药过程做好防护措施，戴口罩、塑料手套、风镜等保护裸露部位，皮肤等处不能直接接触药液。如果喷药过程中出现恶心、头晕等现象，应该立刻停止喷药，如果症状较重需要及时送医院治疗。

（五）营养防治

植株体内营养物质的含量和抗病性存在一定关系，通过施用含有一定营养物质的溶液，提高植株体内一些营养物质含量，可以达到预防与控制病害发生的作用。当植株内可溶性氮和糖的含量降低时，霜霉病就会发生；反之，会减轻病害的发生。增加植株体内磷、钾的含量也可以提高抗病性。

1. 喷施糖尿液 用尿素 0.2 千克加糖 0.5 千克加水 50 千克配制溶液，在生长盛期每隔 5 天喷施 1 次，连喷 4~5 次，可以减轻霜霉病等病害发生。

2. 喷施磷酸二氢钾 用 0.2% 磷酸二氢钾溶液喷施叶面，连用 3~5 次，可以减轻病害发生。

第六章 黄瓜病虫害的识别与防治

一、侵染性病害

（一）猝 倒 病

黄瓜猝倒病俗称"小脚瘟""绵腐病"，为黄瓜苗期主要病害之一。病原菌为瓜果腐霉，属鞭毛菌亚门真菌。

1. 症状 种子尚未发芽就可受病菌侵染，造成烂种。出土不久的幼苗最容易发病，发病时茎基部有水渍状病斑，病斑迅速扩大绕茎一周，病部干枯缢缩呈线状（图6-1），致幼苗子叶尚为绿色即倒伏死亡，湿度大时病部产生白

图 6-1 猝倒病致幼苗茎基部缢缩

色棉絮状菌丝。出现中心病株后以病株为中心，向邻近幼苗蔓延，造成幼苗成片猝倒死亡（图 6-2）。

图 6-2　幼苗成片猝倒死亡

2. 发病规律　病原菌在土壤表层越冬，在土壤中长期存活，随雨水、灌溉水、带菌的土肥、农具、种子传播。发病适宜温度为 15℃左右。在光照不足、低温、高湿、幼苗长势弱的条件下，容易发病。

3. 防治方法

（1）农业防治　选用 5 年内没种过瓜类的疏松肥沃壤土或专用的育苗土育苗；用温汤浸种法进行种子消毒；低温季节育苗要通过多种措施保证苗床温度，并注意通风换气，降低苗床湿度；发现病株及时拔除，清除邻近土壤，并提早分苗。

（2）化学防治　种子消毒，用 50% 多菌灵可湿性粉剂或 50% 福美双可湿性粉剂拌种，用药量分别为种子重量的 0.1%、0.4%。育苗土消毒，每平方米苗床施用 50% 拌种双粉剂或 50% 多菌灵可湿性粉剂或 50% 福美双可湿性粉剂 8~10 克，拌 10~15 千克干细土，混匀配成药土，取 1/3 药土作底土、2/3 药土作表土覆盖在种子上面。发现病株后及时拔除，并立即用药剂防治，可采用喷施、表面撒施和灌根等方法进行防治。喷药防治，可用72.2%霜霉威水剂400倍液，或25%甲霜灵可湿性粉剂800倍液，或64%噁霉·锰锌可湿性粉剂500倍液，7~8天喷1次，连喷2~3次。表面撒施防治，可每平方米苗床用70%敌磺钠粉剂5克，加10千克干细土混匀，撒于床面。

（3）生物防治　可用10%多抗霉素可湿性粉剂1 000倍液灌根，每6~7天灌1次，连灌2~3次。

（二）叶斑病

黄瓜叶斑病又称灰斑病。病原菌为瓜类尾孢，属真菌界半知菌类。

1. 症状　主要为害叶片，病斑呈褐色至灰褐色，圆形或椭圆形及不规则形，大小差异较大，病斑直径常达2~5厘米（图6-3），边界清晰或不十分明显，病部变薄（图6-4）。湿度小时病斑干枯质脆（图6-5），湿度大时病部表面可生灰色霉层（图6-6）。

图6-3　较大的叶斑病病斑

图 6-4 病斑多呈圆形、病部变薄

图 6-5 湿度小时病斑干枯

图 6-6 湿度大时表面生灰色霉层

2. 发病规律 病菌在种子上或病残体上越冬，翌年产生分生孢子，借气流及雨水传播，从气孔侵入，约1周后产生新的分生孢子进行再侵染。在多雨季节容易发生和流行。

3. 防治方法

（1）**农业防治** 选用无病种子，或用2年以上的陈年种子播种；采用温汤浸种消灭种子带菌；实行与非瓜类蔬菜2年以上轮作。

（2）**化学防治** 发病初期及时喷施20%噻菌酮悬浮剂600倍液或40%百菌清悬浮剂600倍液，每10天1次，连用2~3次。保护地防治可用45%百菌清烟剂熏烟，每亩每次用200~300克；可喷撒5%百菌清粉尘剂，每亩每次用1千克，每7~10天1次，共防治1~2次。喷施吡唑醚菌酯防治效果较好，该药属于植物健康剂，不仅可以防控病，还能刺激植物生长（对黄瓜安全，无药害）。

（三）霜 霉 病

黄瓜霜霉病俗称"黑毛""跑马干"，是黄瓜的一种普遍病害。在适宜条件下，发病迅速，危害很大。病原菌为古巴假霜霉菌，属鞭毛菌亚门真菌。

1. 症状 苗期、成株期均可发病，主要为害叶片。苗期子叶发病，初期在子叶上出现褪绿点，逐渐形成枯黄不规则病斑，湿度大时，子叶背面形成灰黑色霉层。成株期发病，初期在叶缘（图6-7）及叶背面出现水渍状褪绿点，病斑很快扩展，1~2天内因扩展受到叶脉限制而形成多角形水渍状病斑（图6-8），早晨湿度大时比较明显。1~2天后水渍状病斑逐渐变成黄色、黄褐色至褐色，湿度大时叶背面的病斑出现灰黑色霉层（图6-9），初期黑色霉层多受叶脉限制。病重时叶片布满病斑，致使叶缘卷缩干枯，最后叶片枯黄而死，植株提前拉秧。品种抗病性不同，症状有所不同，感病品种常表现出以上典型症状（图6-10）；抗病品种发病时，叶片褪绿斑扩展缓慢，病斑较小，病斑呈多角形甚至圆形，病斑背面的霉层稀疏或没有，病情发展较慢，很少造成提早拉秧。

图6-7　霜霉病从叶缘开始发生

图6-8　叶背面出现多角形水渍状病斑

图6-9　湿度大时叶背面有灰黑色霉层

图6-10　感病品种症状明显

2. 发病规律 病菌在南方或北方温室黄瓜上越冬，借气流、雨水向四周传播蔓延，从气孔侵入。发病的适宜温度为15~22℃，空气相对湿度在85%以上时利于发病，所以病菌喜温湿的环境条件。昼夜温差大、高湿、叶片结露时间长、植株长势弱的条件下，发病早而重。

3. 防治方法

（1）**农业防治** 选用抗病品种，露地栽培可选用津园5号、中农16号、绿园4号等，塑料大棚栽培可选用津优1号、中农12号等，日光温室栽培可选用津优35号、中农13号等品种。及时清除枯枝败叶，将枯枝败叶烧毁或掩埋。白天将棚室气温控制在28~32℃，温度超过30℃开始放风；下午棚室气温下降到20℃时闭风。夜间气温在13℃以上时可整夜放风，夜温12℃以上时放风3小时，夜温11℃以上时放风2小时，夜温10℃以上时放风1小时，要保证夜晚棚室温度低于20℃再闭风。要防止棚室内出现95%~100%的空气相对湿度，不在叶片上产生水膜。除了要采用合理的通风换气措施外，还应合理浇水，防止浇水过勤、过多，应该采用膜下暗灌，有条件的要采用膜下滴灌、渗灌。浇水应在晴天上午进行，浇水后闭棚提温，然后通风排湿。

（2）**生物防治** 发病前和刚刚发病时喷施2%嘧啶核苷类抗菌素水剂200倍液防治霜霉病。

（3）**物理防治** 病情严重时，可采取高温闷棚的方法控制病情的发展。闷棚前一天浇足水，摘掉发病严重叶片，弯下接触到棚膜的瓜秧龙头。闷棚当天要求天气晴朗，在上午10时左右密闭棚室，使气温上升到44~46℃，持续2小时，然后逐渐加大通风量，使温度恢复至常温。要严格控制温度和时间，温度计要挂在龙头的位置，温度不可超过47℃。闷棚后加强肥水管理。

（4）化学防治　发病初期，可选用25％甲霜灵可湿性粉剂500倍液，或75％百菌清可湿性粉剂500倍液，或64％噁霜·锰锌可湿性粉剂400倍液喷施。发病较重时，可用72％脲霜·锰锌可湿性粉剂600~800倍液，或72.2％霜霉威水剂600~800倍液，或60％氟吗·锰锌可湿性粉剂500~1 000倍液喷施。上述农药要交替使用，每6~7天喷1次，连喷3~4次。当棚室内湿度较大时，应使用粉尘剂或烟雾剂。粉尘剂可选用5％百菌清粉尘剂，在早晨或傍晚密闭棚室，每亩每次用1千克粉尘剂喷撒，根据病情每8~10天喷1次，连喷3~4次，喷后1小时打开通风口通风。烟雾剂可用45％百菌清烟剂，每亩用200~250克，傍晚闭棚后点燃熏烟，每7天熏1次，连熏3~5次。

（5）营养防治　定期进行根外追肥，提高植株体内一些营养物质含量，可以达到预防与控制病害发生的作用。可用尿素0.2千克加糖0.5千克加水50千克配制溶液，在生长盛期每5天喷施1次，连喷4~5次；可用0.2％磷酸二氢钾溶液喷施叶面，每7天1次，连用3~5次。

（四）黑星病

黄瓜黑星病俗称"流胶病"，是保护地黄瓜栽培的主要病害之一，严重影响黄瓜产量及商品性。病原菌为半知菌亚门的瓜疮痂枝孢菌。

1. 症状 整个生育期都可发病。可为害除根部以外的任何部位，以幼嫩部位受害为主，对生长点、嫩叶、幼瓜危害严重，可造成"秃桩"、畸形瓜等，黄瓜组织成熟后则较不易侵染。

图6-11 幼苗生长点受害导致生长点成锥状，无新叶发生

生长点受害：幼苗受害可使生长点呈锥状，无新叶发生（图6-11）；成株发病，龙头失绿成黄白色，有时流胶，最后造成秃尖（图6-12），严重时生长点附近均受害，造成茎、叶片扭曲变形（图6-13）。

图6-12 成株生长点受害导致秃尖

图 6-13　龙头部位叶片扭曲变形

叶片受害，初期产生褪绿斑点，近圆形，一般较小，后期病部中央脱落、穿孔，留下星纹状边缘（图 6-14）。品种抗病性不同，黑星病在叶片上的症状表现也不同，抗病品种在侵染点处形成黄色小点，病斑不扩展；感病品种在叶片上形成较大枯斑，条件适宜时病斑扩展（图 6-15）。

图 6-14　真叶受害可造成穿孔，留下星纹状边缘

图 6-15　感病品种叶片受害严重时症状

茎部及叶柄受害，病部先呈水渍状褪绿，有乳白色胶状物产生，后期病斑呈污绿色或暗褐色，胶状物变成琥珀色，病斑沿茎沟扩展呈菱形或梭形，中间向下凹陷，病部表面粗糙，严重时从病部折断，湿度大时产生黑色霉层（图 6-16）。

图 6-16　茎蔓受害形成梭形病斑，病部产生黑色霉层

卷须受害，病部形成梭形病斑，黑灰色，最后卷须从病部烂掉。

果实受害，如果环境条件适宜病菌生长繁殖时，病菌不断扩展，病部凹陷、开裂并流胶（图6-17），病部生长受到抑制，其他部位照常生长，造成果实畸形。如果环境条件不适宜，病菌生长繁殖很慢，瓜条可以进行正常生长。待幼瓜长大后，

图6-17　果实染病可造成流胶

组织成熟而不易被侵染，此时即使环境条件适合黑星病的发生，也不会造成畸形瓜，只是病斑处褪绿、凹陷，病部呈星状开裂并伴有流胶现象。湿度大时，病部可见黑色霉层（图6-18）。

图6-18　果实病部褪绿、凹陷

2. 发病规律　病菌在土壤中的病株残体内越冬，种子也可带菌。初侵染病原经过气孔、伤口及表皮直接侵入寄主。寄主部位产生的孢子通过水、气流传播，进行再侵染。发病适宜温度为20~22℃，适宜空气相对湿度为90%。光照不足、湿度过大、种子带菌、长期重茬是发病的重要条件。

3. 防治方法

（1）**农业防治**　选用抗病品种，如津春 1 号、中农 7 号、中农 13 号等；选用无病种子或对种子消毒；育苗场所要消毒处理，栽培场所要进行轮作或土壤消毒，定植时密度不宜过大；增施磷、钾肥，控制浇水，注意通风透光，升高棚室温度，发现中心病株要及时拔除。

（2）**生物防治**　发病初期可用 1% 武夷霉素水剂 100 倍液喷施，每 4~5 天喷 1 次，连喷 3~4 次。

（3）**化学防治**　黑星病的防治重点是及时，一旦发现中心病株及时拔除，并在田间及时喷药预防。发病前每亩可用 6.5% 甲霜灵粉尘剂或 5% 异菌·福美双粉尘剂 1 千克喷撒，隔 7 天喷撒 1 次，连用 4~5 次。发病后可用 40% 氟硅唑乳油 7 000 倍液或 50% 胂·锌·福美双可湿性粉剂 500~1 000 倍液。效果较好的药剂有嘧菌酯、烯肟菌酯。使用嘧菌酯进行喷雾、种子处理或土壤处理均可，可用 25% 嘧菌酯悬浮剂 60 毫升兑水 30 千克均匀喷雾。使用烯肟菌酯进行喷雾，每亩可用 25% 烯肟菌酯乳油 30~40 克。

（五）白 粉 病

黄瓜白粉病俗称"白毛"，是黄瓜的一种常见病。一般在生长后期或秋茬黄瓜发生严重。病原菌为白粉菌属二孢白粉菌和单丝壳菌属单丝壳白粉菌，属子囊菌亚门的真菌。

1. 症状　白粉病一般先从下部叶片开始发病，逐渐向上发展（图 6-19）。该病可以为害黄瓜的叶片、叶柄及茎，但以叶面为主。

图 6-19 下部叶片先发病

叶片染病，首先在叶面形成近圆形白色小粉斑（图 6-20），细看由白色霉状物组成（图 6-21），小病斑逐渐向外缘扩展，形成无一定边缘的大白粉斑。严重时病斑连片，整个叶片布满白粉（图 6-22），叶背面也可被感染而形成病斑（图 6-23）。后期白粉斑上长出黑褐色小斑点，最后叶片黄化、干枯（图 6-24）。要注意区别白粉病病斑与打药形成的药斑，药斑一般无突起、无白毛（图 6-25）。

图 6-20 白粉病初期病叶症状

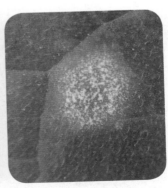

图 6-21 白粉病形成的白色霉层

图 6-22 严重时病斑连片，叶面布满
　　　　白粉

图 6-23 叶片背面白粉病症状

图 6-24 染病后期叶片干枯黄化

图 6-25 药斑

图 6-26 侵染黄瓜茎蔓症状

叶柄受害，在叶柄上形成近圆形病斑，当叶柄上的霉斑环绕叶柄一周后，叶片变黄枯死。

茎部受害，症状与叶柄相似（图 6-26）。

品种抗病性不同，白粉病症状表现也明显不同。

抗病品种病斑少，粉层稀疏，感病品种则相反。

2. 发病规律 病菌在土壤中的病残体或黄瓜植株上越冬，靠气流、雨水和灌溉水传播。在高温高湿或干旱条件下容易发病，发病适宜温度为 20~25℃，适宜空气相对湿度为 25%~80%，但在空气相对湿度为 90%~95%时，最容易发病且发病较重。

3. 防治方法

（1）**农业防治** 选用抗病品种，露地栽培可选用津园 5 号、中农 16 号、绿园 4 号等，保护地栽培可选用津优 1 号、津优 3 号等；育苗和栽培场所要消毒处理，避免重茬；加强栽培管理，增施磷、钾肥，注意通风透光。

（2）**生物防治** 发病初期可用 2%武夷霉素水剂 200 倍液或 2%嘧啶核苷类抗菌素水剂 200 倍液，每 7 天喷 1 次，连用 2~3 次。

（3）**物理防治** 喷施 27%高脂膜乳剂 100 倍液，使叶片表面形成一层分子膜，造成缺氧的环境，使白粉病病菌死亡，每 6 天喷 1 次，连用 3~4 次。

（4）**化学防治** 白粉病发生前及初发期每亩棚室用 45%百菌清烟剂 150~200 克熏棚，可起预防与治疗作用。白粉病发生期间可用 30%氟菌唑可湿性粉剂 1 500~2 000 倍液，或 50%硫磺胶悬剂 300 倍液，或 40%多硫悬浮剂 500 倍液，或 25%三唑酮可湿性粉剂 2 000 倍液防治。发病较重时，可用 40%氟硅唑乳油 4 000 倍液喷施，或用 10%苯醚甲环唑水分散颗粒剂 50 克/亩进行喷雾，或选用 25%乙嘧酚悬浮剂 1 000 倍液喷施。以上药剂每 7 天喷 1 次，连用 2 次，不同农药交替使用。

（六）靶斑病

黄瓜靶斑病又称为褐斑病、棒孢叶斑病，俗称"黄点病""点子病"。其发病迅速，危害较大。病原菌为多主棒孢霉，属真菌界半知菌类。

1. **症状**　主要为害叶片，严重时可为害叶柄和茎蔓。叶片大面积发病后，远远望去植株黄斑累累，危害较大，一般可造成减产 10%~30%。病斑大小 3~30 毫米不等，高温高湿时易形成大病斑，干燥时易形成小病斑。小斑型靶斑病被农户称为"黄点病""点子病"等，先形成黄褐色有晕圈的芝麻大小水渍状斑点，病健交界处明显，病斑处偶有穿孔，严重时 1 片叶上有数十个至数百个病斑（图 6-27）；湿度大时，叶背有浸润斑（图 6-28），常被误诊为细菌性斑点病。后期小黄点病斑常密集相连。大斑型靶斑病多为不规则形病斑，病斑灰白色（图 6-29），后期形成叶片大面积干枯。有时大斑型靶斑病与小斑型靶斑病混合发生。靶斑病后期造成植株叶片枯萎，提前拉秧（图 6-30）。

图 6-27　叶正面症状，病斑带有晕圈

图 6-28　叶背面症状

96

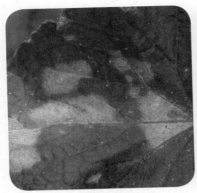 

图 6-29　大斑型靶斑病病斑较大　　图 6-30　靶斑病后期导致叶片枯萎，
　　　　　　　　　　　　　　　　　　　　　提前拉秧

2. **发病规律**　黄瓜及砧木南瓜种子都可带菌。留存在病残体或土壤中的病菌，种子及南瓜田的病菌均可成为侵染源。病菌借风、雨、灌溉水及农事操作传播。一般下部叶片先发病，逐渐向上扩展，除心叶外都可发病。昼夜温差大、光照不足、叶面结露条件下容易发病。

3. **防治方法**

（1）**农业防治**　与非瓜类作物进行 3 年以上轮作，不要与南瓜邻作；对黄瓜及砧木种子进行温汤浸种，避免种子带菌；加强通风透光，降低湿度。

（2）**化学防治**　发现病害，及时喷药防治。可喷洒 75% 百菌清可湿性粉剂 800~1 000 倍液，或 50% 福美双可湿性粉剂 800~1 000 倍液，或 25% 咪鲜胺乳油 1 300~1 500 倍液，或 50% 啶酰菌胺水分散粒剂 1 000 倍液，或每亩喷施 42.8% 的氟菌·肟菌酯悬浮剂 17 毫升，每 7~10 天喷 1 次，视病情连用 2~4 次。

97

（七）灰 霉 病

黄瓜灰霉病主要在保护地发生，并随着设施蔬菜生产的发展而日益严重。病原菌为半知菌亚门葡萄孢属真菌的灰葡萄孢菌。

1. 症状　主要为害果实。病菌从开败的雌花侵入，雌花受害后花瓣腐烂，并长出灰褐色霉层。病菌向果实发展，致使果实脐部呈水渍状，灰绿色，病部萎缩呈"尖瓜"状（图6-31）；湿度大时病部长满灰色霉层（图6-32）。为害雌花可造成化瓜（图6-33），为害果实可导致畸形果（图6-34）。脱落的病瓜或病花接触叶片可导致叶片感染（图6-35），染病初期病部呈水渍状不规则形病斑（图6-36）；湿度大时病斑迅速扩展成大斑，病部具明显轮纹（图6-37），病部变黄、软腐、可见浅灰色霉层。脱落的病瓜或病花附着在茎上时，可引起茎部发病，导致茎节腐烂、折断、长满灰色霉层，最终引起植株枯死（图6-38）。

图6-31　花腐烂并长出灰绿色霉层，病部萎缩呈"尖瓜"状　　图6-32　湿度大时病部长满灰色霉层

图 6-33　化瓜

图 6-34　畸形果

图 6-35　脱落的病花接触叶片导致
叶片感染

图 6-36　叶片初侵染形成不规则形
病斑

图 6-37　湿度大时病部具明显轮纹

图 6-38　茎蔓感病，布满灰色霉层，
终致植株枯死

2. 发病规律 病菌在病残体或土壤中越冬，靠气流、雨水、灌溉水及农事操作传播。病菌侵染能力弱，一般多通过伤口、薄壁组织，特别是败花、老叶的先端坏死处侵入。病菌生长与繁殖的适宜温度为 18~23℃，适宜的空气相对湿度为 90% 以上，易在低温高湿条件下发生。

3. 防治方法

（1）**农业防治** 选用抗病品种，如津优 1 号、中农 8 号等；实行轮作或土壤消毒；及时摘除败花，深埋或烧掉，减少病菌及病菌入侵通道；通过调控温湿度控制病害发生，该病在气温高于 25℃后发病明显减轻，高于 30℃不发病，白天提高棚室温度可有效控制灰霉病的发展，及时放风或铺地膜可降低空气相对湿度，减少结露时间，创造不利于病菌侵染的环境；加强采收期管理，增施磷、钾肥，提高植株抗性；及时摘除病叶、病瓜，减少田间病原。

（2）**生物防治** 可用 2% 武夷霉素水剂 200 倍液，每 7 天喷 1 次，连用 2~3 次。

（3）**化学防治** 灰霉病发病前和发病初期采用烟雾剂或粉尘剂预防，烟雾剂可选用 40% 腐霉·百菌清烟剂，或 40% 百菌清烟剂，或 40% 异菌·百菌清烟剂，每亩每次用 250~350 克，熏烟 4~5 小时，每 7 天熏 1 次，连用 2~3 次；粉尘剂可用 5% 百菌清粉尘剂，于傍晚闭棚喷撒，每亩每次用 1 千克，每 7~10 天 1 次，连用 2~3 次。发病期间可用药剂进行喷施或蘸花，可用 50% 腐霉利可湿性粉剂 1 000 倍液，或 50% 异菌脲可湿性粉剂 1 000 倍液，或 50% 乙烯菌核利可湿性粉剂 1 000 倍液，或 50% 啶酰菌胺水分散粒剂 1 000 倍液，或 25% 啶菌噁唑（菌思奇）乳油 750 倍液，应交替用药。

（八）菌 核 病

黄瓜菌核病在秋冬茬温室栽培中后期最易发生。病原菌为核盘菌，属子囊菌亚门真菌。

1. 症状 叶片、瓜条、花朵、茎蔓均可感病。叶片染病，先出现水渍状褐色病斑，然后迅速软腐，湿度大时产生白色菌丝。瓜条染病，先出现水渍状腐烂，呈黄褐色，表面产生白色菌丝（图 6-39），后期形成鼠粪状黑色菌核（图 6-40，

图 6-39 果实发病初期产生白色菌丝

图 6-40 果实发病后期出现黑色颗粒状菌核

图 6-41）。花朵染病，发生腐烂并密生白色菌丝（图 6-42）。茎蔓染病，先出现褐色水渍状病斑，发展后病斑扩大、病部软腐，茎表面密生白色菌丝（图 6-43），最后茎干枯，病部出现菌核，病部以上茎蔓、叶片枯死（图 6-44）。

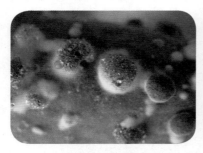

图 6-41　果实发病后期菌核呈鼠粪状　　图 6-42　花朵染病后腐烂并密生菌丝

图 6-43　茎蔓感病后病部腐烂并密　　图 6-44　茎蔓感病造成病部以上
　　　　　生白色菌丝　　　　　　　　　　　　茎蔓干枯

2. 发病规律　以菌核在土壤中越冬，当温度为 5~20℃和吸足水分时，菌核萌发产生子囊盘，子囊弹射出子囊孢子，经气流、浇水传播，引起发病。菌丝生长不耐干燥，空气相对湿度大于85%时易发病。

3. 防治方法

（1）**农业防治**　实行水旱轮作或与非瓜类蔬菜轮作；对种子进行温汤浸种消毒。

（2）**化学防治**　对染病茎部采用局部涂抹法进行防治，用小刀将病部菌丝及腐烂组织刮掉，然后用多菌灵原药或异菌脲原药直接涂抹。发病前和发病初期采用烟雾剂或粉尘剂预防，每7~10天1次，连用2~3次。烟雾剂可选用10%腐霉利烟剂，每亩每次用500克；粉尘剂可用5%百菌清粉尘剂，每亩每次用1千克。发病期间可喷施50%腐霉利·多菌灵可湿性粉剂1 000倍液，或50%异菌脲可湿性粉剂1 000倍液，或50%乙烯菌核利可湿性粉剂800倍液，或25%咪鲜胺乳油1 000~1 500倍液，应交替用药。

（九）炭 疽 病

黄瓜炭疽病在黄瓜的各个生育期均可发病，以生长中后期较重，如果瓜条带菌，在黄瓜贮运过程中可继续发病。病原菌为半知菌亚门真菌葫芦科刺盘孢。

1. 症状　从苗期到成株均可染病，病菌可以侵染叶片、茎、果实。

幼苗期发病，多以子叶发病为主，子叶边缘及子叶上出现半圆形或圆形病斑（图6-45），黄色，病斑边缘明显，病部粗糙，稍凹陷，湿度大时病部产生黄色胶状物，严重时病部破裂。幼苗也可在茎基部发病，病部先开始褪绿，后缢缩，湿度大时产生黄色胶状物,严重时从病部折断,幼苗倒伏。

成株期受害,在叶片上先产生褪绿的水渍状小斑点,后扩大成近圆形病斑,红褐色,外围一圈黄色晕圈(图6-46),以后病斑可互相汇合形成不规则大斑,后期病斑上出现许多小黑点(图6-47),湿度大时有红色黏稠物溢出。环境干燥时,病斑中部易破裂穿孔(图6-48),最后叶片干枯死亡;湿度大时,植株新叶容易受害,病斑扩展快,并形成褪绿大病斑,病斑形状不规则,有时病部破裂,不容易辨认。茎及叶柄受害时,在茎及叶柄上形成长圆形凹陷斑,当病斑环绕茎或叶柄一周时,会造成上部枯死。在茎的节结处发病时,会产生不规则黄色病

图6-45 幼苗子叶上出现半圆形或圆形病斑

图6-46 初期病斑近圆形且外有黄色晕圈

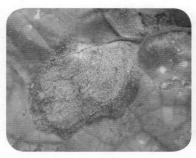
图 6-47 发展后病斑上密生小黑点

图 6-48 病斑破裂穿孔

斑，略凹陷，有时流胶，严重时从病部折断。果实受害时，病部出现淡绿色圆形斑，稍微凹陷，病斑中部有小黑点，后期常开裂，有时产生粉红色黏稠物，干燥情况下病斑处逐渐干裂露出果肉。一般嫩果不易发病，大瓜或种瓜容易发病。

2. 发病规律 病菌可随病残体在土壤中越冬，种子也可带菌。病菌可借助雨水、灌溉水、昆虫及农事操作传播。病菌生长与繁殖适宜温度为 22~24℃，空气相对湿度超过 95％时发病最重。

3. 防治方法

（1）**农业防治** 选用抗病品种，如津绿 4 号、中农 8 号等；选用无病种子或播种前进行种子消毒；避免重茬或进行土壤消毒；消毒育苗场所和育苗土，预防苗期感病；增施磷、钾肥，提高植株抗病能力；随时清洁田园，减少菌源；实行高畦覆膜栽培，保护地要加强通风，降低湿度，减轻病害发生；农事操作要细致小心，避免出现伤口，减少病菌侵入口。

（2）**生物防治** 可喷施 2％嘧啶核苷类抗菌素水剂 200 倍液，每 7~10 天喷 1 次，连用 2~3 次。

（3）化学防治　可喷施50%甲基硫菌灵可湿性粉剂700倍液+75%百菌清可湿性粉剂700倍液，或40%多·福·溴菌可湿性粉剂500倍液，或80%福·福锌可湿性粉剂800倍液，或50%咪鲜胺可湿性粉剂1 500倍液，或25%溴菌腈乳油500倍液。每7~10天喷1次，连用2~3次。阴雨天可使用2%百菌清粉尘剂，每亩每次用1千克，每7~10天喷1次，视病情连用2~3次。

（十）煤 污 病

黄瓜煤污病的病原菌为煤污尾孢，属半知菌亚门真菌。

1. 症状　发病初期叶片上有灰黑色至炭黑色菌落发生，分散在叶片正面（图6-49），后期菌落布成片或布满整个叶片（图6-50）。煤污病多在叶片正面发生，严重时叶背面也可发生，最后造成叶片干枯（图6-51）。

2. 发病规律　病菌在病残体或土壤中越冬，环境适宜时产生分生孢子，借助风雨及蚜虫、介壳虫、白粉虱等传播。在高

图6-49　初期叶片上有分散的黑色菌落

图6-50 后期菌落布成片

图6-51 叶背面发生霉污，终致叶片干枯

温、高湿、弱光的条件下，发病较重。一般先从下部叶片发病。

3. 防治方法

（1）农业防治 轮作或更换土壤；加强栽培管理，注意降低湿度；及时防治各种传播病菌的害虫。

（2）化学防治 发病时要及时喷药，可喷施40％多菌灵胶悬剂600倍液，或65％甲霜灵可湿性粉剂500倍液，或50％甲基硫菌灵·硫黄悬浮剂800倍液，每7天喷1次，视病情连用2~3次。

（十一）枯 萎 病

黄瓜枯萎病又叫蔓割病、萎蔫病，是黄瓜的土传病害，主要在成株发病，会造成死秧，是黄瓜主要病害之一。病原菌为尖镰孢菌黄瓜专化型，属半知菌亚门真菌。

1. 症状 种子带菌可造成烂籽，不出苗。苗期发病，子叶变黄萎蔫，茎基部呈黄褐色水渍状软腐，湿度大时可见白色菌丝，根毛消失，幼苗猝倒枯死。成株期发病，一般在结瓜后开始发病，先从下部叶片开始表现症状，初期病株一侧叶片或叶片的一部分均匀黄化，病株继续生长，严重时中午叶片下垂，早晚恢复，萎蔫叶片自下而上逐渐增加，渐及全株。一段时间后，叶片全天均萎蔫，早晚不能恢复，最后枯死（图6-52）。在病株茎基部可见水渍状缢缩，主蔓呈水渍状纵裂，维管束变褐，湿度大时病部产生白色或粉色霉层。茎节部发病，病斑呈不规则多角形，湿度大时有粉色霉层产生，病部维管束变褐（图6-53）。发病后期病斑逐渐包围整个茎部，

图6-52　病菌发展致整株叶片萎蔫且不恢复

图6-53　发病植株茎部维管束变褐

内部病菌堵塞维管束并分泌毒素，使植株中毒死亡。后期病菌可侵入种子，造成种子带菌。枯萎病在田间往往表现为点状发生，这一点与高温强光下的生理性萎蔫（参见图6-159）相区别。

2. 发病规律　病菌主要在病残体、土壤和种子里越冬。枯萎病发病的轻重，主要由土壤中病菌多少决定。病菌从根部伤口或根毛顶端细胞间隙侵入，进入维管束，在维管束内发育，并随上升液流向上分布到茎、叶柄和叶片等部位。当病菌发展至堵塞导管时，可使植株萎蔫。病菌主要靠气流、雨水、灌溉水传播，种子可远距离传播病菌。发病适宜气温为24~27℃，适宜土温为24~30℃，适宜空气相对湿度为90%以上。连作，土壤黏重、干旱、偏酸性，施用未腐熟有机肥，农事操作或线虫造成伤口等情况下容易引起发病。

3. 防治方法

（1）**农业防治**　最主要的农业防治方法是采用嫁接栽培技术；品种间抗病性差异明显（图6-54），栽培时应选择抗病品

图6-54　抗病品种（左）未发病，感病品种
　　　　（右）发病严重

种，如津春 5 号、津优 1 号、中农 13 号等；采用与非瓜类作物轮作、土壤消毒、保护地换土等措施；选用不带病菌的种子或进行种子消毒；加强栽培管理，避免大水漫灌，及时中耕，提高土壤通透性，避免伤根，结瓜期加强水肥管理，提高植株抗病能力。

（2）化学防治　种子消毒，用 50%多菌灵可湿性粉剂或 50%福美双可湿性粉剂拌种，用药量分别为种子重量的 0.1%和 0.4%；也可用 40%甲醛 100 倍液浸种 30 分钟，清水冲洗后浸种 4~5 小时催芽。苗床消毒，每平方米苗床用 50%多菌灵可湿性粉剂 8 克处理畦面。定植前土壤消毒，在定植沟或穴内施用甲硫·福美双可湿性粉剂，每亩用药 2.5 千克，加细土 50 倍配成药土后使用（图 6-55）。发病前或刚发病时可喷施药液，如 50%多菌灵可湿性粉剂 500 倍液，每 7~8 天喷 1 次，连用 3 次；也可用药剂灌根，可选用 70%甲基硫菌灵可湿性粉剂 1 000 倍液、20%甲基立枯磷乳油 800~1 000 倍液、50%苯菌灵

图 6-55　定植前在定植沟内撒施药剂

可湿性粉剂 1 000 倍液、15％水杨菌胺可湿性粉剂 700~800 倍液，每株 0.3~0.5 升，每 7~10 天 1 次，连用 2~3 次。

（3）生物防治　用生物药剂健根宝（由真菌绿色木霉TR-8 和细菌 BA-21 复合发酵而成）防治枯萎病。定植时，每100 克药剂兑土 150~200 千克，混匀后穴施 100 克；结果期，每 100 克兑水 45 千克，搅拌均匀后每株灌药水 250~300 毫升，视病情连用 2~3 次。

（十二）疫　病

黄瓜疫病俗称"死藤""烂秧"，是黄瓜的一种土传病害。条件适宜时，疫病蔓延很快，常猝不及防。病原菌为鞭毛菌亚门真菌甜瓜疫霉菌。

1. 症状　幼苗及成株均可发病，能侵染叶片、茎蔓、果实等。幼苗发病，多从嫩尖开始，初呈暗绿色水渍状萎蔫，病部缢缩，病部以上干枯呈秃尖状（图 6-56）。子叶发病，叶片上形成形状不规则褪绿斑，湿度大时很快腐烂。成株期发病，可导致茎基部、茎蔓结节和叶柄处发病，其中主要在茎基部发病。茎基部发病初期，茎基部出现水渍状病斑，病部很快缢缩（图 6-57），使输导功能丧失，导致地上部迅速萎蔫呈青枯状（图 6-58），但维管束不变褐。湿度大时，病部表面长出稀疏白色霉层，并迅速腐烂（图 6-59）。茎蔓结节和叶柄处发病，出现暗绿色水渍状软腐，湿度大时迅速发展包围整个茎，病部明显缢缩，病部以上叶片萎蔫（图 6-60）。叶片染病，形成圆形或不规则形水渍状大病斑，边缘不明显，扩展快，干枯后呈青白色（图 6-61），湿度大时病部产生白色菌丝。瓜条染病，

图 6-56　苗期发病导致病部缢缩

图 6-57　茎基部出现水渍状病斑并很快缢缩

图 6-58　茎基部缢缩使植株青枯倒伏

图 6-59 湿度大时病部长出稀疏白色霉层

图 6-60 茎蔓结节和叶柄染病后缢缩，叶片干枯

图 6-61 叶片病斑干枯后呈青白色

113

形成水渍状暗绿色病斑，略凹陷，湿度大时病部产生灰白色霉层，瓜软腐，有腥臭味。

2. 发病规律　病菌随病残体在土壤中越冬。病菌通过雨水、灌溉水、气流等传播，发病的最适宜温度为 28~30℃。释放游动孢子需要水，所以低温降水和高温高湿条件下，发病极为迅速，危害严重。一般在田间干旱条件下病情发展较慢，浇水后病情发展很快，植株很快死亡。

3. 防治方法

（1）**农业防治**　选用抗病品种，如津优 2 号、津优 3 号、中农 13 号等；采用嫁接育苗；选用无病土育苗和与非瓜类作物实行 3 年以上轮作；加强栽培管理，培育壮苗，采用高畦栽培，地膜覆盖，露地栽培要排水通畅，控制浇水，避免大水漫灌，叶片上无水膜时再进行农事操作等；发现病株及时拔除。

（2）**化学防治**　种子消毒，用 25% 甲霜灵可湿性粉剂 800 倍液或 72.2% 霜霉威水剂 800 倍液浸种 30 分钟。苗床消毒，每平方米苗床用 25% 甲霜灵可湿性粉剂 8 克与土拌匀后撒在苗床上。保护地土壤消毒，在定植前用 25% 甲霜灵可湿性粉剂 750 倍液喷淋地面。发现病株后要及时拔除病株，然后立即用药，可用 72.2% 霜霉威水剂 600~800 倍液，或 64% 噁霉·锰锌可湿性粉剂 500 倍液，或 72% 霜脲·锰锌可湿性粉剂 700 倍液，或 75% 百菌清可湿性粉剂 600 倍液，或 53% 甲霜·锰锌水分散粒剂 500 倍液。采用喷、灌结合的方法进行防治，先灌后喷，每株灌根 0.2~0.3 升，每 7 天左右灌 1 次，连灌 3~4 次。农药要交替使用。

（十三）蔓 枯 病

黄瓜蔓枯病为土传病害，秋露地及秋大棚、日光温室栽培较易发病，其发生严重程度与年份有关。病原菌为甜瓜球腔菌，属子囊菌亚门真菌。

1. 症状 多在成株期发病，主要为害叶片和茎蔓。叶部受害，病斑初期近圆形、半圆形或自叶缘向内呈"V"字形，淡褐色或黄褐色，上生许多黑色小点，病斑直径为1~3.5厘米，少数更大，可达半个叶片，后期病斑易破碎。茎蔓染病，多发生在节部，出现椭圆形或梭形病斑，白色至黄褐色，病斑逐渐扩展，有时可达几厘米长，表皮可开裂，病部粗糙（图6-62），有时伴有透明胶体流出（图6-63）；发病后期，病部呈黄褐色，逐渐干缩，湿度大时病部有白色霉层产生，最后病部呈乱麻状，严重时茎蔓腐烂（图6-64），也可造成茎节处折断，最后导致全株枯死（图6-65）。此病与枯萎病的区别是维管束不变褐，也不为害根部。

图6-62 茎部病斑白色至黄褐色，表皮开裂　　图6-63 茎蔓结节处发病，有透明胶体流出

图 6-64　湿度大时，茎蔓可产生白
　　　　 色霉层并腐烂

图 6-65　植株枯死

　　2. **发病规律**　病菌在病残体、土壤、架材和种子上越冬，成为翌年初侵染源。病菌通过雨水、灌溉水、农事操作进行传播，多通过气孔、水孔或伤口侵入植株。病菌喜欢温暖高湿的环境，在温度为 18~25℃、土壤湿度和空气相对湿度大时容易发病。茎基部发病和土壤水分相关，土壤湿度大或田间积水，容易导致茎基部发病。连作，氮肥过多或肥料不足，植株长势弱，露地栽培排水不畅，保护地栽培空气相对湿度过大、光照弱等条件下，均易引起发病。

　　3. **防治方法**

　　（1）农业防治　选用抗病品种，如津优 3 号、中农 13 号等；进行种子消毒；与非瓜类作物实行 2~3 年轮作或进行土壤消毒；清洁田园，减少初侵染源；采用高畦地膜覆盖栽培法，减少土壤中病菌溅射到植株茎叶上的机会；加强栽培管理，培育壮苗，施足基肥，及时排水，采用膜下灌水，避免大水漫灌，保护地要加强通风透光；彻底清除病叶、病蔓。

（2）化学防治　种子消毒，用种子重量0.3%的50%福美双可湿性粉剂拌种。棚室消毒，定植前用5%菌毒清水剂150倍液或50%咪鲜胺可湿性粉剂1 500~2 000倍液对棚室内的土表、架材、墙壁喷洒。发现病株后及时用药，常用药剂有75%百菌清可湿性粉剂600倍液、50%甲基硫菌灵胶悬剂400倍液、65%甲硫·乙霉威可湿性粉剂600~800倍液，每5~7天喷1次，连喷3~4次。

（十四）细菌性角斑病

黄瓜细菌性角斑病在保护地和露地均可发生，可造成减产甚至绝收，是黄瓜的一种主要病害。病原菌为丁香假单胞杆菌黄瓜角斑病致病型。

1. 症状　幼苗期到成株期均可染病，主要为害叶片，还可侵染茎、叶柄、卷须、果实、种子等。真叶染病，先出现针尖大小水渍状褪绿斑点，后病斑不断扩大，受叶脉限制，病斑呈多角状（图6-66，图6-67），黄褐色或黄白色；湿度大时叶背面病斑处可见乳白色菌脓（图6-68），即细菌液，干燥时菌脓呈白色薄膜或白色粉末，病部质脆易穿孔（图6-66）。茎、叶柄染病，先形成水渍状小点，然后沿茎沟方向形成条形病

穿孔

图6-66　病斑呈多角状，后期易穿孔

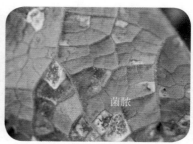

图 6-67 叶背面病斑表现   图 6-68 湿度大时叶背面病斑处会有乳白色菌脓

斑，病斑凹陷，严重时开裂；湿度大时病部有菌脓产生，菌脓沿茎沟向下流，形成一条白色痕迹。卷须染病，严重时病部腐烂，卷须折断。果实染病，初期出现水渍状斑点，斑点圆形略凹陷，扩展后在果实表面形成不规则或连片的病斑，在果实内部维管束附近的果肉变成褐色；后期湿度大时，病部产生大量菌脓，呈水珠状，果实软腐并有异味。病菌还可以侵入种子，使种子带菌。

2. 发病规律 病菌在土壤中、病残体或种子上越冬，成为翌年初侵染源。病菌借助雨水、灌溉水或农事操作传播，通过气孔、水孔及伤口侵入植株。种子带菌可远距离传播。发病的适宜温度为 24~28℃，最高为 39℃，最低为 4℃，空气相对湿度 80% 以上、叶面有水膜时极易发病，属于低温高湿病害。昼夜温差大、结露时间长发病较重。

3. 防治方法

（1）**农业防治** 选用抗病品种，如中农 13 号、绿园 20 等；与非瓜类作物实行 2 年以上轮作；选用无病种子或通过温汤浸种法对种子消毒；采用无病土育苗，培育无病壮苗；及时清除病残体，减少病原菌；加强管理，尽量避免出现高湿环境，可采用地膜覆盖、及时通风等方法降低湿度。

（2）**生物防治**　播种前用90%新植霉素可湿性粉剂3 000倍液浸种2小时，用清水洗净后催芽。发病后可用72%硫酸链霉素可溶性粉剂4 000倍液或90%新植霉素可湿性粉剂4 000倍液喷施，每7~10天喷1次，连喷3~4次。

（3）**物理防治**　晾干的种子置于70℃温箱中干热灭毒72小时。

（4）**化学防治**　发病时要及时喷药防治，常用的药剂有50%琥胶肥酸铜可湿性粉剂500倍液、60%琥·乙磷铝可湿性粉剂500倍液、58%甲霜灵可湿性粉剂500倍液、77%氢氧化铜可湿性微粒剂600~700倍液，以上农药要交替使用，每7~10天喷1次，连喷3~4次。如果棚室湿度大，可用5%春雷·王铜粉尘剂喷粉，每亩每次用药1千克，在早、晚密闭棚室使用。比较新型的农药有噻菌铜、噻唑锌等。噻菌铜为噻二唑类杀菌剂，对细菌性病害有较好的防效，具有内吸、治疗和保护作用，持效期长，药效稳定，对作物安全，防治时可用20%噻菌铜悬浮剂300倍液喷雾。噻唑锌防治效果也很好，防治时每亩可用100~125毫升20%噻唑锌悬浮剂喷雾。

（十五）细菌性缘枯病

黄瓜细菌性缘枯病以保护地发生为主，可造成减产甚至绝收，危害较大。病原菌为边缘假单胞菌边缘假单胞致病型，属细菌。

1. 症状　多在成株期发病，主要为害叶片，也可侵染其他地上部位。多从下部叶片开始发病,在叶缘水孔附近产生水渍状小斑点,病斑不断扩大形成灰白色或淡褐色不规则病斑,病斑外常带有晕圈。病斑很少引起穿孔,与健部交界处呈水渍状。病斑多沿叶缘形成环状病斑,也可从叶缘向中间扩展形成"V"字形大病斑(图 6-69)。湿度大时病部常溢出菌脓,干燥时菌脓呈白色薄膜状或白色粉末状(图 6-70)。病斑进一步发展,造成整个叶片干枯,严重时全株叶片干枯(图 6-71)。

图 6-69　从叶缘向中间扩展成"V"字形病斑

图 6-70　菌脓干燥时呈白色薄膜状

图 6-71　植株下部叶片干枯

2. 发病规律　病菌在病残体或种子上越冬,成为翌年初侵染源。病菌借助雨水、灌溉水、风或农事操作传播,通过气孔、水孔及自然伤口侵入植株。种子带菌可远距离传播。此病在空气相对湿度70%以上或叶面有水膜时极易发病，属于低温高湿病害，叶缘吐水可为该病活动及入侵提供有利条件。

3. 防治方法 参见细菌性角斑病。

（十六）细菌性流胶病

近年来黄瓜细菌性流胶病发病严重，可造成减产甚至绝收，危害较大。病原菌分别为丁香假单胞流泪致病变种和胡萝卜软腐果胶杆菌巴西亚种。

1. 症状 黄瓜细菌性流胶病在苗期和成株期均可发生。

幼苗感病，多在定植缓苗后发生，首先在地表茎基部出现水渍状褪色斑，严重时子叶腐烂。真叶受害可见近地面叶片边缘出现水渍状凹陷病斑，后扩大向内发展，病部叶脉发黑，病害继续发展可见叶背部病斑溢出菌脓，干燥时病部易干、质脆、呈开裂或穿孔状。棚室内湿度大时茎基部出现流胶现象（图6-72）。

图6-72 感病幼苗茎蔓流胶

　　成株期感病，叶片、茎、果实等部位均可发病。叶片感病，可从叶片边缘或中部发病，初现黄褐色水渍状病斑，病斑不规则，继续发展后病斑扩大、穿孔、腐烂，严重时下部叶片干枯；有的病斑从叶片内部发展，呈现黄色小点，周围有黄晕，并逐渐向周围扩展；植株顶部叶片会出现黑褐色萎蔫。茎部发病，上部幼嫩枝条下垂；病部初期呈水渍状，有流胶现象，棚室湿度大时，感病茎部有大量白色至浅黄色菌脓溢出（图6-73）；在近地面落秧的瓜蔓上，湿度大时也出现流胶。果实染病，果面上出现白色胶状物，发病后剖开果实，内部出现腐烂症状或呈开裂状。叶柄、卷须染病亦可有流胶症状。

图6-73　感病成株茎部有大量白色
　　　　至浅黄色菌脓溢出

　　2. 发病规律　病原菌可在种子和病残体上越冬，借风雨、灌溉水及农事操作传播蔓延。发病适宜温度为24~28℃，湿度越大发病越重。设施黄瓜生产若遇到连续阴雨或雾霾天气，会导致棚内湿度增大，容易发生病害。田间管理粗放、定植密度过大、植株下部叶片多、植株徒长、通风不良、浇水过量等均易造成病害发生。

　　3. 防治方法

　　（1）农业防治

　　①进行种子消毒。温汤浸种，将干种子投入55~60℃温

水中处理约 10 分钟，处理过程中要不断搅拌。之后再降温到 28~30℃浸种 4~6 小时，用清水淘洗干净后进行催芽。药剂浸种，用 100 万单位的硫酸链霉素 500 倍液浸种 2 小时，冲洗干净后催芽播种。

②培育无病壮苗。加强苗期管理，注意营养土消毒、降低苗床湿度、定植前喷药以预防病害发生。

③合理安排定植密度。不可定植过密，防止通风不良。

④抽蔓期要注意适当控秧，防止徒长。

⑤及时进行植株调整。及时打掉老叶、病叶、侧枝，加强通风透光。

⑥增光、通风，降低湿度。连续阴天时应用补光灯补充光照，此时尽量不浇水。若必须浇水也要控制浇水量，建议采用地膜覆盖、滴灌等措施降低湿度，同时用稻壳等将裸露地面覆盖以平衡空气相对湿度，减少病害发生。

⑦提前预防发病。定植前用药剂处理土壤，定植时灌根和定植后喷雾，提前防治能起到较好的防控效果。

⑧注意农事操作。病原菌也可通过人在走道上来回走动，或浇水造成的伤口侵染。摘心、掐卷须、绕蔓、摘瓜、打杈等农事操作对植株造成的伤口，也是病原菌的侵染传播途径。病害发生后，药剂防治前应尽量减少相应的农事操作，防止病害传播。

⑨其他农业措施。定植时少盖土，露出黄瓜幼苗的蛭石面，有利于降低幼苗茎周围的湿度；苗期发病时，拉开植株周围的地膜，降低湿度；对已发病的棚室成株进行药剂喷雾前，先去掉植株下部叶片，尤其要去掉畦面上覆盖的叶

片，减少病残体，并做到边去叶边喷雾（防止病原菌从伤口侵染）。

（2）**生物防治** 发病前期喷施3%中生霉素可湿性粉剂800~1 000倍液或2%春雷霉素水剂500倍液进行防治；在阴雨天，可每亩使用80~100克荧光假单胞杆菌（细菌克星）进行喷粉防治；可选用甲壳素、植物保护膜因可瑞、沃家富、海草基因等，诱导植株增强抗病能力。以上药剂每隔5~7天喷施1次，连用3~4次，不同药剂交替使用。

（3）**化学防治** 发病初期可以使用50%琥胶肥酸铜可湿性粉剂600~800倍液，或77%氢氧化铜可湿性粉剂1 000倍液，或33.5%喹啉铜可湿性粉剂750倍液，或20%噻菌铜悬浮剂300倍液进行喷雾防治；还可每亩用100~125毫升20%噻唑锌悬浮剂喷雾；也可使用77%硫酸铜钙（多宁）可湿性粉剂600倍液或70%甲基硫菌灵（甲基托布津）可湿性粉剂1 000倍液灌根。频繁使用铜制剂容易导致病原菌产生抗药性，因此在田间使用铜制剂时，最好与其他药剂轮换使用。

（十七）黄瓜病毒病

黄瓜病毒病的病毒可以到达除生长点以外的任何部位，一般在夏秋季节容易发生。主要毒源是黄瓜花叶病毒和黄瓜绿斑花叶病毒。

1. 症状 苗期和成株期均可发生，可为害叶片、茎蔓、果实等部位。叶片发病，苗期染病，子叶变黄枯萎，幼叶呈深绿与浅绿相间的花叶状，病叶出现不同程度的皱缩、畸形；成株期染病，心叶呈黄绿相间的花叶状，病叶皱缩变小，叶片变厚（图6-74），严重时叶片反卷。茎部受害，导致节间缩短，茎蔓畸形，最后导致病株叶片枯萎。瓜条受害，果面呈现深绿与浅绿相间的花色，凹凸不平，瓜条畸形（图6-75）。重病植株上部叶片皱缩变小，节间变短扭曲，不结瓜，最后植株萎缩枯死。

图6-74　心叶呈黄绿相间的花叶状并皱缩变小　　图6-75　果面凹凸不平，瓜条畸形

2. 发病规律

（1）由黄瓜花叶病毒侵染引起的病毒病　病毒在多年生宿根植物如芥菜、刺儿菜、芹菜等植物的根上越冬，成为翌年初侵染源。病毒借助蚜虫、白粉虱等传播。发病的适宜温度为20℃，气温高于25℃时表现隐性。

（2）由黄瓜绿斑花叶病毒侵染引起的病毒病　病毒在土壤中或种子上越冬，成为翌年初侵染源，经风雨或农事操作传播。该病在高温条件下发病较重。

3. 防治方法

（1）**农业防治**　欧洲类型黄瓜多不抗病毒病，应选用抗病品种，如津春3号、中农8号、绿园20等；采用护根育苗方法，减少伤根；农事操作时避免伤害植株，接触病株后及时用肥皂水冲洗手和工具；随时清除田间杂草，防治蚜虫、白粉虱等传毒昆虫。

（2）**物理防治**　晾干的种子置于70℃温箱中干热灭毒72小时。

（3）**化学防治**　种子消毒，用10%的磷酸三钠溶液浸种20分钟后，清水冲洗2~3次后催芽。发现感病立即喷药防治，可喷施20%腐霉利悬浮剂500倍液，或20%吗胍·乙酸铜可湿性粉剂600~700倍液，或38%菇类蛋白多糖可湿性粉剂600~700倍液，或10%三氮唑核苷可湿性粉剂800~1 000倍液。以上药剂要交替使用，每6~10天喷1次，连喷4~5次。

（十八）黄瓜根结线虫

1. 症状　根结线虫主要发生在侧根和须根上，造成根部长有根结，影响根部功能，进而造成受害植株地上部分萎蔫、枯死。线虫在根部生长繁殖，初期根部无明显症状，一段时间后病部产生瘤状根结（图6-76），解剖根结，可见内有许多细小乳白色线虫，严重时整个根部长满根结。受害植株地上部症状因根部发病程度不同而不同，根部受害较轻的植株，地上部分症状不明显；根部受害较重的植株，地上部分叶片黄化、中午萎蔫、植株矮小（图6-77），导致植株生长不整齐（图6-78），严重的可导致植株枯死。

图 6-76 根部可见瘤状根结

图 6-77 地上部分叶片黄化、萎蔫，　　　图 6-78 植株生长不整齐
植株矮小

　　2. 发病规律　　根结线虫生活在 30 厘米内的土层中，以
2~20 厘米土层内最多。以卵或成虫随病残体在土壤中越冬，越
冬后的卵孵化为幼虫，越冬的幼虫侵染黄瓜根系，导致黄瓜植

127

株受害。可随水、粪肥、苗木、垃圾、农事操作及农具进行传播。幼虫发育的适宜地温为 25~30℃，在 10℃以下停止活动，20℃以上时开始侵染根系，55℃以上保持 5 分钟可致幼虫死亡。土壤相对湿度 40%左右、通透性好，有利于线虫活动，所以沙壤土一般较黏壤土发病重。

3. 防治方法

（1）**农业防治** 轮作或换土，与对根结线虫免疫的蔬菜作物轮作 2~3 年，如葱、韭菜、大蒜等，也可以换去 30 厘米的表土；育苗时选用无虫土、肥育苗；拉秧后清理田园，清除根系、杂草；定植前，深耕晾晒土壤；闲置季节，连续灌水，保持地表积水 3 厘米左右 5~7 天，减少虫口密度。

（2）**生物防治** 定植后可用 1.8%阿维菌素乳油 3 000 倍液灌根。

（3）**物理防治** 高温秸秆还田在改良土壤的同时可有效消灭根结线虫。在夏季休闲季节每亩用打碎的秸秆 1 000~1 500 千克还田，并撒施生石灰 100 千克，旋耕后灌水，然后覆盖地膜，密闭棚膜 10~15 天。

（4）**化学防治** 定植前结合整地每亩施入 3%氯唑磷颗粒剂 8 千克。定植时可地表喷药杀虫，每亩可用 1.5~2.5 千克的 30%除线特乳剂 300~350 倍液喷施。

（十九）砧木南瓜枯萎病

近年来经常有嫁接后的黄瓜发生枯萎病的情况，其中除了由于黄瓜落蔓操作不当、嫁接不成功导致黄瓜发生枯萎病外，还有由于对南瓜也有强致病性的尖孢镰刀菌感染砧木南瓜发生的枯萎病。

1. 症状　同黄瓜枯萎病。

2. 发病规律　病菌在土壤或病残体上越冬，种子也可带菌。苗期可从根部伤口侵入，空气湿度大容易发病。

3. 防治方法

（1）**农业防治**　选用无病土培育砧木苗。

（2）**物理防治**　将干砧木种子放在70℃环境下恒温处理72小时，消灭种子带菌。

（3）**化学防治**　消毒苗床，每平方米用50％多菌灵可湿性粉剂8克处理畦面。发现病害及时灌根治疗，可用3％噁霉·甲霜水剂600倍液，或20％二氯异氰脲酸钠可湿性粉剂300~400倍液，或60％琥铜·乙铝·锌可湿性粉剂350倍液，每株200毫升，每10天灌1次，连用2~3次。

（二十）砧木南瓜疫病

砧木南瓜疫病常在嫁接后的幼苗期发生，可造成砧木叶片枯萎，严重的发生幼苗死亡。病原菌为辣椒疫霉，属假菌界卵菌门。

1. 症状　苗期常成片发生，造成砧木子叶干枯（图6-79）。一般在子叶先形成水渍状病斑，子叶软腐、下垂，干燥时呈灰褐色，易破裂，最后子叶干枯（图6-80）。

2. 发病规律　同黄瓜疫病。

3. 防治方法　同黄瓜疫病。

图 6-79　苗期成片发病　　　　图 6-80　严重时砧木子叶完全干枯

（二十一）砧木南瓜炭疽病

砧木南瓜炭疽病常在嫁接后至定植前发生。病原菌为真菌类半知菌类瓜类炭疽菌。

1. 症状　幼苗一出土即可染病，子叶边缘出现半圆形深褐色病斑，上生橙红色小点状黏质物，干燥时可穿孔（图6-81）。病重时幼苗近地部分茎基部缢缩（图6-82），病斑呈黑褐色，最后可致幼苗折倒。

图 6-81　子叶出现深褐色病斑，干燥时穿孔

图6-82 茎基部缢缩

2. 发病规律 病菌可随病残体在土壤中越冬，也可种子带菌。高温、高湿条件容易发病。

3. 防治方法

（1）**农业防治** 砧木南瓜选用无病瓜留种；对种子进行温汤浸种消毒。

（2）**化学防治** 种子消毒，10千克南瓜种子可用30%苯噻氰乳油5毫升兑水后拌种。南瓜出苗后及苗期发病时，可喷施50%咪鲜胺可湿性粉剂1 500倍液，或25%嘧菌酯悬浮剂1 000倍液，或30%醚菌酯悬浮剂2 500倍液，每7~10天喷1次，视病情连用2~3次。

（二十二）砧木南瓜白粉病

砧木南瓜白粉病在苗期至成株期均可发生。病原菌为瓜类单丝壳菌，属子囊菌亚门的真菌。

1. 症状 同黄瓜白粉病。砧木南瓜抗白粉病可以提高接穗黄瓜的抗白粉病能力。生产时应该选择抗病砧木。

2. 发病规律 同黄瓜白粉病。

3. 防治方法　同黄瓜白粉病。

二、生理性病害

在黄瓜生产过程中，由于温度、湿度、光照、水分或气体条件不适，营养元素缺乏，机械损伤及其他非生物因子造成的生理失调，为黄瓜的生理性病害。

（一）不出苗或出苗不齐

1. 症状　播种后长期不出苗，或出苗不一致而使幼苗大小不一致（图6-83），从而耽误农时。

图6-83　出苗不整齐，幼苗大小差别较大

2. 病因

（1）种子本身的原因　种子没有生命力或生命力不强。例如，陈种子，不饱满或弱小的种子，过于干燥或暴晒等原因导致生命力下降的种子等。

（2）环境条件不适宜　苗床底水不足，过于干燥，种子没有足够的水分不能萌发；苗床湿度过高，造成烂种；播种后温度过低，种子不能萌发；苗床土含有未腐熟有机肥或化肥含量过高、消毒农药使用过量等也可造成不出苗或出苗不齐；覆土过厚、苗床不平、覆土不均匀，可造成不出苗或出苗不齐。

3. 防治方法

（1）选用饱满、生命力强的种子。

（2）播种时底水要充足适量，要保证床土湿润而不积水；播种后要保证苗床的温度高于10℃以上，最好达到20℃；苗床土要选用腐熟的有机肥，化肥不可过量，消毒药物要按量施用，不可过量；床土及盖土要过筛细致，苗床要平整，覆土要均匀，厚度为1~1.5厘米，不可过厚。

（3）当播种后4~5天仍未出苗，要及时查看原因。此时如果种子未腐烂，胚根尖端仍为白色，通过满足相应条件，尚可出苗；如果种子腐烂或胚根尖端发黄，则不会发芽，要及时重播。

（二）幼苗戴帽出土

1. 症状　幼苗出土后种皮没有从子叶上脱落（图6-84），造成子叶不能平展（图6-85），影响幼苗光合作用，降低幼苗质量。

图6-84　幼苗戴帽出土　　　　图6-85　幼苗戴帽后子叶不能平展

2. 病 因

（1）种皮过于干燥 播种的种子没有浸种或营养土底水不足、覆土过干等均可造成种皮干燥，当幼苗出土时种皮不宜张开脱落，造成幼苗戴帽出土；幼苗出土时过早去膜，或去膜时光线强、温度高，也可导致种皮变干而不宜脱落。

（2）覆土过薄 幼苗出土时没有足够的阻力脱去种皮。

（3）种子质量不好 发芽势降低，出土无力，导致戴帽出土。

3. 防治方法

（1）未催芽的种子最好先浸种 5 个小时再播种。营养土底水要充足。营养土及盖土要过筛，干湿适度。覆土后苗床上要根据季节不同覆盖不同的覆盖物保湿，冬春季节可用塑料薄膜，夏秋季节可覆盖稻草、报纸、无纺布等。可以在幼苗大部分顶土或出土后撒一层厚 3~5 毫米的细土，增加幼苗出土阻力及保持种皮湿度。幼苗刚出土时，如果床土过干要立即喷洒少量水，保持土壤湿度。

（2）覆土时要覆盖均匀，覆土厚度为 1~1.5 厘米。

（3）选择生命力强的种子，去除瘪种子，不宜选用陈种子。

（4）发现种子戴帽，可在刚去膜或早晨湿度大时，用手将种皮摘掉。去皮时要两手操作，防止把子叶带掉。

（三）子叶畸形

1. 症状 黄瓜子叶畸形，包括子叶形状（图 6-86 至图

6-89）、位置（图 6-90）、数量（图 6-91）、颜色（图 6-92）的异常。子叶是幼苗初期的光合器官，子叶畸形会对幼苗生长造成一定影响，导致幼苗质量下降，进而影响产量和果实质量。

图 6-86　幼苗戴帽导致子叶上扬、不平展

图 6-87　陈种子勉强出苗后子叶扭曲细长、叶缘下垂

图 6-88　种子质量差或覆土过厚造成子叶边缘缺刻

图 6-89　两片子叶粘连在一起导致第一片真叶皱缩、不能舒展

图 6-90　陈种子的幼苗下胚轴很短，子叶紧贴地面

图 6-91 幼苗子叶分瓣或具 3 片子叶

图 6-92 出苗后的子叶边缘为白色，随着光照增多会逐渐恢复

2. 病 因

（1）子叶畸形的主要原因是种子质量不好，包括种子不饱满、发育不完全的种子或陈种子等。

（2）当覆土过厚或土壤板结时可造成子叶扭曲出土或子叶上有缺刻。

3. 防治方法

（1）选择饱满成熟、生命力强的种子，不使用干瘪、弱小的种子或陈种子。

（2）覆土要用过筛细土，干湿适度，覆土要均匀，覆土厚度为 1~1.5 厘米，不可过厚。保证覆土在幼苗出苗前不被水淋湿板结。

（四）幼苗徒长

1. 症状 幼苗下胚轴、茎节伸长、变细，叶片大而薄，叶色变浅，组织柔嫩，根系弱小，干物质积累少（图 6-93 至图 6-96）。徒长苗根冠比小，所以抗逆性下降，容易受冻、染病。此外，徒长苗营养不良，花芽形成和发育较慢，早熟性较差，产量较低。

图 6-93 出苗时未及时去掉覆盖物造成下胚轴伸长、瘦弱

图 6-94 高温弱光下幼苗下胚轴伸长，幼苗向光源倾斜

图 6-95 夜温过高造成徒长

图 6-96 幼苗生长中后期没有及时定植或稀苗造成幼苗徒长

2. 病因 在幼苗期，温度过高、水分过多、光照不足、偏施氮肥、秧苗距离过近等均能造成幼苗徒长。

3. 防治方法

（1）苗床要有通风条件，光照充足，床土中少施或不施氮肥，适量施一些磷肥。

（2）出苗后及时去掉覆盖物，适当降低温度，尤其是降低夜温，同时适当控水，增加光照。用地热线育苗的，尤其注意在阴雪天要调低温度，防止形成弱光高温环境。当秧苗叶片互相接触时要及时稀苗，扩大秧苗间距。

（五）叶片早晨吐水

1. 症状　黄瓜幼苗或成株，在晴朗天气的早晨，子叶或真叶的叶缘水孔附近挂一圈小水珠（图6-97，图6-98）。

图6-97　幼苗子叶在叶缘处有一圈　　图6-98　成株真叶在叶缘处有一圈
　　　　　水珠　　　　　　　　　　　　　　　　水珠

2. 病因　幼苗吐水一般是由于育苗土湿度过高，且地温较

图6-99　水分蒸发后叶缘出现白色
　　　　盐渍

高。成株吐水一般是因为上一天浇过水。幼苗吐水本身不会对幼苗造成多大伤害，但说明土壤湿度较大，容易引发各种病害。成株吐水时，如果土壤盐分浓度较高，当叶缘的水分蒸发后，盐分会沉积下来，形成白色盐渍（图6-99）。吐

水及叶片盐渍本身不会有多大伤害，但是说明施肥过量，提示栽培者要减少施肥量。

3. 防治方法

（1）幼苗吐水要适当控制浇水，减少浇水量。

（2）成株吐水且有盐渍现象时，要减少化肥施用量，发现盐渍现象要及时浇水缓解。

（六）生理充水

秋冬茬生产黄瓜容易出现生理充水。

1. 症状　早晨解开草苫后，在黄瓜叶背面可见污绿色圆形小斑或受叶脉限制的多角形斑（图 6-100），较轻时仅在叶缘发生（图 6-101），严重时叶片大叶脉间形成大面积充水斑，湿度大时可见有水滴附着在叶片。生理充水和细菌性角斑病、霜霉病病斑相近，但生理充水多在植株的相同部位叶片上均匀发生，无霉层、无穿孔，在温度升高后会慢慢消失。

图 6-100　叶片背面形成受叶脉限制的多角形斑

图 6-101　仅在叶缘发生充水

2. 病因　一般在温室覆盖薄膜但未覆盖草苫前，当遇连阴天时，棚室不能通风，而此时地温较高，根系吸水能力强，但温室气温较低、空气相对湿度大，叶片蒸腾作用受到抑制，使细胞内水分进入细胞间隙，导致生理充水。

3. 防治方法　及时覆盖草苫，增加棚室保温能力。

（七）枯 边 叶

枯边叶又称焦边叶，主要在保护地生产中发生。

图 6-102　叶缘干枯

1. 症状　中部叶片发病最重，部分或整个叶缘发生干枯（图 6-102），干枯部分可深入叶内 3~5 毫米。枯边叶的叶肉组织死亡，这一点与金边叶不同。

2. 病　因

（1）保护地栽培，突

然大放风，叶片失水过急而出现枯边叶。

（2）土壤中盐含量太高，产生盐害而造成枯边叶。

（3）喷药浓度偏高、喷施药量过大，导致药液积聚于叶缘，出现枯边叶。

3. 防治方法

（1）要加强管理，及时通风，通风时要逐渐加大通风量，避免通风过急。

（2）降低土壤含盐量。对高盐分土壤，可泡田洗盐，在夏季休闲季节灌大水，连续泡田 15~20 天，淋溶掉土壤中盐分；施肥时要配方施肥，不可过量施肥，尽量使用腐熟有机肥，少用副成分残留在土壤多的化肥。

（3）喷药时不要随意加大浓度，雾滴要小，喷药量以叶面覆盖完全又不形成药滴流下为宜。

（八）金边叶

金边叶又称黄边叶，在保护地生产中经常发生。

1. 症状　叶片边缘有一圈整齐的金边，组织一般不坏死。植株上部叶片骤然变小，生长点紧缩，在温室生产中的抽蔓期容易发生（图 6–103）。

图 6–103　抽蔓期过度干旱引起的金边叶

2. 病　因

（1）土壤缺钙　土壤酸性强或多年不施钙肥，使土壤含钙少，植株缺钙。

（2）**植株对钙的吸收受阻** 抽蔓期控水过度，土壤干旱，土壤溶液浓度增高，造成植株吸收钙困难；土壤中氮、镁、钾等元素含量过高，抑制植株吸收钙；土壤在碱性条件下，植株吸硼困难，从而诱发吸钙困难，导致缺钙；冬春季节土壤温度低，根系吸收能力弱，导致吸收钙困难。

3. 防治方法

（1）对酸性土壤要适当施用生石灰以改良土壤，多年不施用钙肥的土壤要适当施用过磷酸钙等钙肥。

（2）抽蔓期控水不可过度，出现金边叶时要及时浇水；施肥要科学合理，不可过量；碱性土壤造成缺硼从而造成缺钙的，可以叶面喷施硼酸或硼砂等硼肥；冬春季节地温过低的，当天气回暖后，缺钙症状会自动消失，低温时如有条件也可以通过加温等措施提高地温，缓解症状。

（九）叶 烧 病

叶烧病主要在保护地生产中发生。

1. 症状 初期叶脉间出现灼伤斑，病部褪绿变白，然后病斑扩大，连接成片，严重时整个叶片变成白色，最后叶片黄化枯死。多在日光温室南部植株的中上部叶片发病，特别是接近或触及棚膜的叶片症状较重（图6-104），也可在保护地定植后缓苗期发生（图6-105）。

2. 病因 高温、强光、空气相对湿度较低是造成叶烧病的原因。黄瓜对高温的耐力较强，特别是在空气相对湿度高、土壤水分充足时，忍耐高温的能力更强，可以忍耐

图 6-104　叶脉间出现灼伤斑，严重时整个叶片
　　　　　变成白色

图 6-105　定植后缓苗期温度过高造成的烤苗

短时间的 42~45℃的高温。但在空气相对湿度低于80%时，遇到 40℃的高温就容易对叶片产生伤害，尤其是在强光下更为严重。用高温闷棚控制霜霉病时，若处理不当也可导致叶烧。

3. 防治方法

（1）及时通风，避免棚室气温超过 37℃。当棚室内温度很高，通风仍不能降低到所需温度时，可以通过遮阴降温；如果棚室内湿度较低，也可用喷冷水的方法降温，一方面可以直接降低气温，另一方面又可以增加空气相对湿度，提高植株忍耐高温的能力。

（2）用高温闷棚控制霜霉病时，要严格掌握温度、湿度和时间，以龙头处的气温在44~46℃，持续1.5~2小时才安全有效。龙头高触棚顶时要弯下龙头。闷棚前一天一定要灌足水，提高湿度。

（十）泡 泡 病

泡泡病主要在冬季保护地生产中发生。

1. 症状　主要在中下部叶片发病。发病初期在叶片上产生直径约5毫米的鼓泡。不同叶片，产生的鼓泡数量差别很大，鼓泡多凸向叶正面，致使叶片凹凸不平。凹陷处常有白毯状非病菌物质，鼓泡的顶部，初期呈褪绿色，后期变为灰白色、黄色或黄褐色（图6-106）。发病叶片生长缓慢或停滞，光合能力降低。

图6-106　产生凸向叶正面的鼓泡

2. 病因　病因尚未完全明确。泡泡叶在低温、短日照条件下容易发生，品种间也有差异，相同条件下，一些品种容易发病，一些品种不容易发病。

3. 防治方法

（1）选用抗逆性强的品种，如山东密刺等。

（2）注意增加光照和提高温度。选用抗老化无滴膜，并经常擦洗棚膜，增加透光性能，温室后墙增设反光幕，必要时进行人工补光。低温季节注意提高棚室内的气温和地温，地温保持在15℃以上。优化棚室结构，采用地膜覆盖栽培，控制浇水，不可大水漫灌。

（3）适时适量追肥，提高植株抗逆性。冬春季节可追施二氧化碳气肥或喷施叶面肥。

（十一）褐 脉 病

保护地春季栽培黄瓜容易发生褐脉病。

1. 症状　多在中下部叶片发生。先在大叶脉旁边出现白色至褐色条斑，早期条斑受叶脉限制不连成片，条斑紧靠大叶脉。条斑处叶肉坏死，叶肉上亦可见零散褐色斑点。叶脉上先是网状叶脉变褐色，后是支脉变褐色，最后主脉也变成褐色（图6-107）。对着阳光观察叶片，可见叶脉变褐部分坏死。有时沿着叶脉出现黄色小斑点，斑点扩大成近褐色条斑。

图6-107　病斑沿叶脉分布

褐脉病外观和小斑型靶斑病很像，区别如下：褐脉病一

图 6-108　靶斑病病斑分布与叶脉无关

般仅发生在中下部叶片且沿叶脉分布，而且褐脉病和品种有关，发生时具有普遍性；靶斑病一般具有中心病株，呈点块状发病，多发生在中上部叶片，病斑不沿叶脉分布（图 6-108）。

2. 病因　由于土壤中锰过多引起的中毒现象。土壤黏重、多肥、高湿、低温条件下容易发生。土壤缺钙也容易导致锰元素过剩，从而发病。品种不同对此病耐性不同，耐低温、弱光能力较差的品种在保护地栽培时容易发生此病。

3. 防治方法

（1）改良土壤理化性质，避免土壤过酸或过碱。

（2）施用充分腐熟有机肥，追肥要适时适度，不可过量，同时要注意钙肥的使用。

（3）保护地生产中应选用保护地专用品种。

（4）避免使用含锰农药，发现症状时可喷含磷、钙、镁的叶面肥。

（十二）变 色 叶

1. 症状　植株一部分叶片部分失绿，渐变成其他颜色（图 6-109 至图 6-111），植株可正常生长。

2. 病因　目前原因尚未确定，变色叶可能和基因突变有关。

3. 防治方法　变色叶不会向其他植株传染，对生产影响一

图 6-109　叶片部分失绿变白

图 6-110　叶片部分失绿变黄

图 6-111　新叶失绿变色

般不大，发现有变色叶的植株可及早去除。在种子生产中要淘汰亲本中发生变色叶的植株。

（十三）龙头紧聚

龙头紧聚俗称"花打顶"，主要在保护地发生。

1. 症状　植株顶端茎节短缩，顶部叶片变小，生长点部位密生雌花（图 6-112），龙头紧聚，瓜秧生长停滞。

2. 病因　由于根系损伤、低温、缺水、药害等原因，植株营养生长受到抑制，节间短缩、叶片变小，而生殖生长相对

图 6-112　顶部密生雌花

较旺，形成大量花朵，即花打顶。具体原因如下。

（1）伤根　移苗或定植时，根系受到机械损伤。

（2）烧根　施肥过量或施用未腐熟有机肥，地温过高又未及时浇水等引起烧根。

（3）沤根　当土温较低、土壤相对湿度较高时，根系生长受到抑制，长时间土壤低温高湿，引起根系腐烂，从而引起花打顶。

（4）低温　育苗时夜温偏低，影响叶片同化物质运输，造成叶片老化。同时育苗时温度偏低，可导致雌花大量分化，从而在定植后出现花打顶现象。

（5）缺水　苗期及定植后控水过度，因过于干旱引起花打顶（图 6-113）。

（6）药害　使用农药浓度过高、次数过频、用量过大可造成花打顶。

3. 防治方法　针对不同的形成原因，采取不同的预防措施。

图6-113 定植后控水过度导致花打顶

（1）**伤根** 采用护根育苗措施，定植与中耕要细致操作，减少根系损伤，防止伤根引起发病。

（2）**烧根** 合理施肥，施用充分腐熟的有机肥，化肥要深施，避免与根系直接接触，防止烧根引起发病。

（3）**沤根** 注意提高土温，冬春季栽培要采用地膜覆盖，控制浇水，避免出现低温高湿的土壤条件，防止沤根引起发病。

（4）**低温** 育苗时夜温不可过低，防止低温引起发病。

（5）**缺水** 不可控水过度，以免过于干旱引起花打顶。

（6）**药害** 严格按要求配制与使用农药，防止药害造成花打顶。

如果出现花打顶现象要采用以下措施及时治疗：升高温度，适当灌水，暂不追肥；摘除顶部大部分花朵，抑制生殖生长；喷施各种叶面肥，促进植株生长；每7天喷1次300~400倍的细胞分裂素，促进植株生长。

（十四）生理变异株

生理变异株在保护地和露地生产中均有发生。

1. 症状　茎粗壮、扁平，每节有 2~3 片叶，有雌花的节位同时有 2~3 个雌花发生，好像 2~3 株植株紧密排成一排，生长在一起（图 6-114）。由于每节叶片均多生，龙头部分聚集很多叶片（图 6-115）。有的在龙头位置分支形成多个龙头（图 6-116）。

2. 病因　育苗及定植过程中速效氮施用过多，容易发生生理变异株。有的生理变异株有一定遗传性，对生理变异株自交留种，其后代中有 50% 左右的植株为生理变异株。

3. 防治方法　育苗及定植期间要控制速效氮的使用。种子生产中要淘汰亲本中的生理变异株，降低后代生理变异株的发生率。

图 6-114　茎扁平，每节同时开 2~3 朵花，具 2~3 片叶

图 6-115　龙头部分聚集很多叶片

图6-116　形成多个龙头

（十五）化　瓜

1. 症状　化瓜是指在雌花发育过程中，生长停止，由瓜尖开始发黄、干瘪，最后整个雌花或小瓜条干枯（图6-117），不能形成商品瓜。化瓜现象在黄瓜生产中比较普遍，特别是在秋冬季保护地生产中，化瓜现象更为严重。发生化瓜后会降低产量。

图6-117　黄瓜化瓜

2. 病因　如果品种本身雌花较多，特别是全雌型品种，每节都有雌花发生，这些雌花都长成商品瓜几乎是不可能的，这时有一部分雌花发生化瓜属于正常现象。但如果品种本身雌花不是很多，却发生大量的化瓜现象则为一种生理性病害，其发生原因主要是由于营养不能满足雌花发育的需求。

（1）营养生长和生殖生长不平衡　当植株徒长时，营养生长过于旺盛，导致营养被新生茎叶争夺，造成化瓜。当生殖生长过于旺盛时，雌花数目过多，养分不能满足雌花发育需求，从而造成化瓜。

（2）肥水不足　营养不能满足雌花或小瓜条发育的需求，造成化瓜。

（3）温度过高　白天温度超过 35℃ 或后半夜温度超过 18℃ 时，光合作用制造的养分低于呼吸作用消耗的养分，养分得不到积累，导致化瓜。

（4）低温弱光　低温弱光条件下，光合作用减弱，制造养分减少，造成化瓜。低温下，根系吸收能力也会受到影响，吸收的水分和矿质营养减少，也可造成化瓜。

（5）气体　当棚室内有害气体（二氧化硫、氨气、乙烯等）含量过高时可引起化瓜。二氧化碳含量过低时，不能满足光合作用需求，也可造成化瓜。

（6）根瓜未及时采收　根瓜吸收营养的能力较强，导致上部的雌花得不到足够营养，从而导致化瓜。

3. 防治方法

（1）促进营养生长和生殖生长的平衡　苗期不可过于控水控温或喷施过量乙烯利，防止雌花过多；抽蔓期要控制肥水防止植株徒长。

（2）加强肥水管理　定植前施入足量的腐熟有机肥，结果期加大肥水供给，防止化瓜。

（3）加强温度管理　白天温度不宜超过 35℃，后半夜温度保持在 12~15℃。

（4）冬春季节注意增温增光　使用多层覆盖提高保温性能，在棚室内加温以提高棚室温度。光照较弱的季节要及时清洁棚膜，必要时采用补光灯补光。

（5）加强气体管理　减少有害气体源：加热的炉体最好与栽培区隔离，烟道密闭性要好；棚膜选用优质棚膜；不要一次施入大量化肥；及时通风换气，排出有害气体。增加二氧化碳含量，冬春季节可在上午补充二氧化碳气肥，促进光合作用。

（6）根瓜要及时采收　根瓜成熟后要及时采收；雌花过多的品种，要适当疏花疏果。

（7）人工授粉或喷施生长调节剂　单性结实能力差的品种在保护地栽培中容易化瓜，可通过人工授粉、熊蜂授粉、使用生长调节剂处理等方法防止化瓜。

（十六）苦　味　瓜

1. 症状　果实近果柄端或整个果实有苦味（图 6-118），不能食用。

2. 病因　苦味瓜的出现与植株生长不正常及品种有关。当环境条件不适宜，如营养过高或缺乏、干旱缺水、温度过高或过低、光照不足等均可导致

图 6-118　一些华南型黄瓜含葫芦素较多，易有苦味

植株生育不正常，造成植株葫芦素含量增加，果实变苦。在农事操作时，植株根系受伤，也可产生苦味瓜。苦味瓜还和品种遗传

有关，有 Bi 基因的品种有苦味，无 Bi 基因的品种无苦味。

3. 防治方法

（1）选用不含葫芦素的品种，如中农 19 号。

（2）创造适宜黄瓜生长的环境条件，减少葫芦素的产生。

（3）农事操作要细致，避免伤根。

（十七）畸 形 瓜

1. 症状　果实畸形成弯曲瓜、尖嘴瓜、大肚瓜、蜂腰瓜等各种形态不正常的瓜条（图 6-119 至图 6-125），影响产量和商品性。

图 6-119　弯曲瓜

图 6-120　尖嘴瓜

图 6-121　大肚瓜

图 6-122　蜂腰瓜

图 6-123 果实上长叶片

图 6-124 两条黄瓜长在一起　　图 6-125 卷须缠绕使缠绕部位变细，瓜顶部接触地面使黄瓜弯曲

2. 病因 在黄瓜花芽分化或子房发育过程中，由于温度、水分、光照、营养不适宜，授粉受精不良，外物阻碍，病害等，果实各部分生长不均衡，形成畸形瓜。

3. 防治方法

（1）弯曲瓜 选用单性结实能力较强的品种；防止瓜条底部接触地面或其他物体；人工授粉或熊蜂授粉，促进果实发育；不可定植过密，否则影响光照和养分供给；加强肥水管理，满足植株营养需求；加强温度管理，不可通风过急，温度变化不

图6-126 坠挂石块把弯瓜拉直

可过于激烈；及时防治黑星病等侵染果实的病害；在瓜长20厘米左右时用石块坠挂在黄瓜下部，利用石块的重力把果实拉直（图6-126）。

（2）**尖嘴瓜** 选用单性结实能力较强的品种；增施有机肥，减少使用化肥，肥水供应充足、均匀，尤其是果实肥大后期要保证肥水供应，追肥要少量多次施入；加强温度管理，避免出现过高或过低温度；及时防治病虫害。

（3）**大肚瓜** 保证肥水供给充足、均匀，结果期注意补充钾肥。

（4）**蜂腰瓜** 保证肥水供给充足、均匀，结果期注意补充钾肥，保证植株营养供给均匀，生长平稳。

（5）**瓜上长叶、两条瓜长在一起等畸形瓜** 从幼苗具1~2片真叶开始注意环境条件调控，创造适宜黄瓜花芽分化的环境条件。适量使用各种农药、激素，防止环境及化学药品影响植株的花芽分化。

（6）**机械原因造成的畸形瓜** 防止瓜条生长被卷须、绑绳、架材、地面等物体所阻碍，如有阻碍要及时解除。

（十八）瓜 佬

1. 症状 果实短粗或近球形，有的幼果形如香瓜（图

6–127 至图 6–130）。

图 6–127　短粗的幼果瓜佬

图 6–128　短粗的成熟瓜佬

图 6–129　近球形的瓜佬

图 6–130　形如香瓜的瓜佬

　　2. 病因　由两性花（一朵花里既有雄蕊也有雌蕊）发育而成的。两性花的形成主要受环境条件影响，当花芽分化时处在低温、短日照条件下，一般容易形成雌花；处在高温、长日照条件下，容易形成雄花。在偶然条件下，同一花芽的雌蕊原基和雄蕊原基都得到发育，就形成了两性花。两性花和遗传也有关，有些品系大多数或全部花朵均为两性花。

3. 防治方法

（1）花芽分化时要严格管理，温度保持在白天 25~30℃、夜间 10~15℃，保证 8 小时光照条件，空气相对湿度在 70%~80%，土壤湿润，促进花芽分化时的环境条件有利于形成雌花。

（2）发现两性花要及时清除。

（3）不使用容易出现两性花的品种。

（十九）空 心 瓜

1. 症状 果实部分心腔变空，无组织（图 6-131）。这样的果实一般含水量较少，风味欠佳。如果是种瓜，有时容易造成种子在果实内发芽。

图 6-131　果实空心

2. 病因 空心瓜的形成与气候、栽培及品种有关。持续高温、植株瘦弱、根系受损、叶片功能受损、夜温过高造成黄瓜徒长等都能导致养分累积不足，从而形成空心瓜。持续高温时，蒸腾量加大，水分缺乏，造成土壤干燥。这也是空心的一个主要原因。雌花受粉不完全，受精后干物质合成量少，营养物质分配不均匀，会形成空心瓜。营养不良、缺硼、缺钾、病虫为害等也会导致形成空心瓜。空心和品种有一定关系，一般果实横径较大的品种，如一些短粗的华南型黄瓜容易空心。

3. 防治方法

（1）注意温度调控，不要出现连续超过35℃的高温。

（2）进入开花结果期后加强肥水供给，满足黄瓜需求。尤其在高温强光季节，要加大浇水量并注意保持土壤湿润。结果期要增加钾、硼的供给，可以叶面追施钾肥、硼肥。

（二十）旱　害

1. 症状　植株缺水导致的黄瓜叶色浓绿、节间短缩、生长点不舒展（图6-132）或形成花打顶（参见图6-113），植株生长缓慢，严重时生长停滞。

2. 病因　苗期或定植后过于干旱，水分供应不足引起植

图6-132　受旱后幼苗叶色深绿、心叶不舒展

株生长停滞。

3. 防治方法 苗期不过度控水。整地做畦（垄）要平，定植沟要平整，定植水要充足，栽苗深度要适宜。浇水时如果垄过长或地势不平，要分段浇水。

（二十一）气体危害

气体危害一般发生在保护地生产中。当某种气体超过一定浓度范围时，就会对植株造成一定危害。常引起黄瓜气体危害的气体有亚硝酸气体、氨气、二氧化硫、一氧化碳、乙烯、氯气、硫化氢等。

1. 症状 亚硝酸气体危害，中位叶首先发病，然后逐渐扩展到上部和下部叶片。先在叶缘（图6-133）或叶脉间出现水渍状斑纹，2~3天后受害部位变白干枯（图6-134），严重时大叶脉内叶肉均变成白色（图6-135），似白纸状。确诊病害可用 pH 试纸检测病部内表面水滴的 pH 值，若在 5.5 以下多为亚硝酸气体危害。

图 6-133 叶缘变白

图 6-134　叶脉间出现白色干枯病斑

图 6-135　叶面大部分失绿变白，似白纸状

氨气危害，多从叶缘开始表现症状，轻者叶缘略褪绿，重者叶缘枯焦、呈匙形在大叶脉间形成病斑（图 6-136），病斑黄白色，边缘颜色略深，病健部界限明显。发病较快时，叶片呈绿色枯焦状。也有的在叶片间形成许多白纸状小斑点。

二氧化硫危害，叶缘和叶脉间叶肉白化（图 6-137），继续受害时，会逐渐扩散到叶脉，导致叶片逐渐干枯，高浓度时会使全株死亡。

图 6-136 叶缘枯焦、呈匙形

图 6-137 叶缘和叶脉间叶肉白化

2. 病因 施肥、燃煤或棚室内用品释放出某种气体，由于保护地相对封闭的环境条件，气体不能及时稀释，当有害气体达到一定浓度时，就会对植株造成危害。施入易挥发的氮肥，或施入过多的氮肥后没有及时盖土或浇水，或施入大量有机肥，或施入没有腐熟的有机肥，这些情况都会导致释放出大量氨气。

在保护地使用燃煤加温时易产生二氧化硫气体。

3. 防治方法

（1）**亚硝酸气体危害** 施用的农家肥要充分腐熟，不要一次施入大量速效氮肥，若土壤过酸，要施入适量的石灰。

（2）**氨气危害** 不使用挥发性氮肥，氮肥要少量多次施用，最好和过磷酸钙混合施用，施后多浇水或盖土，不可过量施用有机肥或施入未腐熟的有机肥。施肥后，要尽量通风，排出有害气体。

（3）**二氧化硫危害** 合理布置炉体、烟道，炉体最好能与栽培区隔离，烟道要有较好的密封性，使用优质原煤。发现栽培区有烟味，要立即通风换气，并适当浇水、追肥。

（二十二）药 害

1. 症状 施用化学药品（杀虫剂、杀菌剂、除草剂、植物生长剂等）后，叶片、植株、果实等出现异常，如褪绿、变色（图6-138，图6-139）、扭曲（图6-140至图6-142）、干

图6-138 苗期喷施硝酸银导致成株期叶片呈
类似病毒病的花叶

图 6-139　苗期杀菌剂喷施浓度过大或药量大造成叶片中间叶肉失绿

图 6-140　用药浓度大导致幼苗子叶留下药斑，真叶皱缩变形

图 6-141　玉米田除草剂阿特拉津飘移导致黄瓜叶片扭曲、卷叶、边缘失绿

图 6-142　2，4-D 飘移造成叶片蕨叶型，龙头扭曲皱缩

枯（图 6-143 至图 6-146）、节间变短（图 6-147）等，严重时植株大部分叶片失绿，丧失光合功能（图 6-148），造成减产，最严重的可造成龙头枯萎、生长停滞、叶片硬化卷缩、整株枯死（图 6-149）。

图 6-143　苗期杀菌剂灌根导致叶片变浅、叶缘
　　　　　白化、干枯

图 6-144　成株期杀菌剂浓度太高，　　图 6-145　药害造成的病斑失绿干枯
　　　　　形成边缘清晰斑点或较
　　　　　大枯斑，病部白化

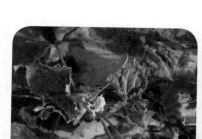

图 6-146　药害严重时使龙头干枯

图 6-147　矮壮素导致植株节间变短，龙头叶片紧聚

图 6-148　药害严重时叶片普遍失绿

图 6-149　药害最严重时症状

2. 病因　化学药品施用过量、浓度过高、使用方法不当均可导致药害。其机理可能是药剂微粒直接堵塞叶表气孔、水孔或进入组织堵塞细胞间隙，导致植株的呼吸、蒸腾、光合等生理活动受到严重影响；也可能是药剂进入植株细胞或组织后，与一些内含物发生化学反应，产生毒害物质，致使正常的生理活动受到干扰，进而表现出一些外部形态的异常变化。近年来大田除草剂的飘移所导致的黄瓜药害最为严重，其影响面积大，危害严重，可造成减产，严重时甚至造成植株大面积死亡。

3. 防治方法　选择对黄瓜安全的正规农药；严格按照规定的浓度、用药量施用农药，农药混用要科学合理，喷药时药滴要细小，喷雾要均匀周到，避免局部着药过多；喷药要避开高温烈日的中午，此时植株耐药力减弱，而药物活性增强，容易产生药害；苗期、开花期植株的耐药力较弱，此时用药要适当降低浓度、减少用量；合理安排露地黄瓜定植期，避开大田除草剂施用时期。

一旦发生药害，应及时采取补救办法。增加植株的抵抗力：增施含磷、钾的速效肥提高植株抵抗力，同时中耕松土，促进根系发育，增强植株恢复能力。稀释药液浓度：及时灌水，降低植株中药剂浓度，减轻危害。发现用错了药，要立刻喷洒大量清水淋洗，因为大多数农药遇到碱性物质容易分解，可配成0.5%~1%的氢氧化钙水溶液（石灰水）进行淋洗效果更好。去除药害较严重的部位：如果是内吸性较强的药剂发生的药害，若其药害发生在叶片上，可及时去掉受害严重的叶片，减少药剂向其他部位传导。

（二十三）歪头与无生长点

1. 症状　主要发生在冬春茬温室生产中。龙头叶片变小，向下弯曲，使龙头低于其邻近展开的大叶片（图6-150）。严重时可使生长点消失（图6-151）。

2. 病因　品种耐低温性不好，或棚室长期低温弱光，或地温偏低均可导致歪头，严重时会造成无生长点。

3. 防治方法

（1）选用温室专用耐低温、弱光性好的品种。

图 6-150　黄瓜歪头

图 6-151　黄瓜生长点消失

（2）低温季节注意温室保温与加温。

（3）发现歪头或生长点消失，应及时采瓜，并摘掉一部分雌花；温度回升、光照充足时追肥灌水；喷施含硼的微肥或其他叶面肥。

（二十四）冷　害

1. 症状　幼苗遇冷害，叶片出现水渍状充水斑，叶片边缘失绿（图6-152），严重时可造成叶肉及生长点枯死（图6-153）。成株期遇冷害，会使叶片失绿黄化，叶背面出现水渍状充水斑，叶肉枯死（图6-154）。温室栽培常在底角部分发病较重，导致底脚部分植株枯死（图6-155）。

图6-152　幼苗叶缘失绿

图5-153　幼苗叶肉及生长点枯死

图6-154　急剧降温使叶肉枯死

图6-155　温室底脚部分植株枯死

2. **病因**　温度降低到黄瓜能忍受的低温界限以下，造成光合作用减弱、呼吸强度降低、养分运转困难等，最终发病。

3. **防治方法**

（1）高纬度地区要建设保温、增温性好的日光温室，覆盖抗老化无滴膜，覆盖双层草苫保温。

（2）定植选岁寒暖头的晴天进行，最好保证定植后 3 天内为晴天。

（3）定植后寒流来袭，可覆盖小拱棚保温。

（4）寒流前，喷施 72%硫酸链霉素可溶性粉剂 4 000 倍液或 27%高脂膜乳剂 80~100 倍液可起到一定预防作用。

（二十五）低温障碍

1. 症状　较长时间低温条件，使植株生育异常，包括：叶片变小、边缘下垂、卷曲、黄化（图 6-156），节间缩短、龙头紧缩、生长停滞等（图 6-157），影响产量。定植后缓苗期经历较长时间低温使植株不再生长，甚至枯死。

图 6-156　叶片黄化、卷曲下垂　　图 6-157　植株节间缩短、龙头紧缩

2. 病因　温度长时间低于黄瓜生育温度需求下限，如地温长时间低于 12℃或气温低于 5℃均可发生低温障碍。温室结构不合理、棚膜透光不好、保温覆盖不良、定植过早、连续阴

天寡照、大水漫灌等都可导致低温障碍发生。

3. 防治方法

（1）选用耐低温性好的温室专用品种。

（2）高纬度地区要建设保温、增温性好的日光温室，覆盖抗老化无滴膜，覆盖双层草苫保温。

（3）安排好茬口，保证定植期温度满足缓苗需求。

（4）定植后，若寒流来袭，可覆盖小拱棚保温。

（5）提高栽培管理水平，避免大水漫灌。

（二十六）高温障碍

1. 症状　设施内黄瓜普遍中上部叶片黄化而下部叶片正常，中上部叶片叶脉间叶肉褪绿，形成黄色斑驳，叶片部分或整个叶片褪绿黄化（图6–158）。

2. 病因　早春或越冬栽培的设施黄瓜进入6—7月的高温季节后，棚室内温度经常接近40℃，长期处于高温、强光条件。同时，植株生长已经进入后期，植株茎

图6-158　中上部叶片黄化

蔓很长、根系老化，导致叶片黄化。

3. 防治方法

（1）夏季尽量通风降温，也可在中午用遮阳网遮光或喷施

"立凉"、糊稀泥来降低光照。

（2）喷施叶面肥来提高植株抗性。

（3）适时拉秧，进行下茬生产。

（二十七）生理性萎蔫

保护地春季栽培黄瓜容易发生生理性萎蔫。

1. 症状　晴天中午植株叶片普遍或某一地块萎蔫（图6-159），初期夜间可恢复，较严重的萎蔫会逐渐加重，最后萎蔫不恢复，生长势减弱，产量降低，甚至整株枯死。

图6-159　整个棚室植株叶片普遍萎蔫

2. 病因　对于设施生产来说，生理萎蔫的发生多和3个原因有关：一是在连阴天后突然放晴，蒸发量骤增造成的；二是低温久阴情况下浇大水，导致根系缺氧，吸收能力下降，植株缺水，出现萎蔫；三是施肥不当，定植时速效肥施用过多，使根系受害，吸收能力减弱，导致缺水。露地生产一般是由于地块低洼，雨后地面长期积水或长期大水漫灌，土壤湿度增加，土壤缺氧，造成根部呼吸受阻，吸收功能下降，导致植株缺水，出现萎蔫。

3. 防治方法

（1）设施栽培久阴突晴后，可叶面喷洒清水，或在中午覆盖草帘或遮阳网降低光照等方法来减弱突然强光带来的危害，防止发生急性凋萎。

（2）避免大水漫灌、连阴低温时期浇水，应该采用膜下滴灌，选择晴天上午进行，最好保证浇水后 3~5 天都是晴天。

（3）适量多施充分腐熟有机肥或生物菌肥以促根保地温；同时，适当喷施叶面肥，提高黄瓜抗逆能力。

（4）坐果之前不要大量施用速效肥料，防止根系受害。

（5）改良温室设施，增强温室保温、增温能力。

（6）露地栽培要选地势较高、能灌能排的地块，避免长期积水。

（二十八）顶枯病（缺钙）

1. 症状 植株顶尖发生病变，首先顶叶变狭窄，然后焦边，最后枯边或烂或长毛（图6-160），最终导致植株失去生长点。

2. 病因 夜温过高，植株徒长，导致钙或其他营养缺乏而表现出的症状。一般在放风口下容易发生，长时间放风会使风口处地温降低，根系发育较差，吸收能力减弱，如果夜温过高就会造成风口下植株消耗过量而吸收不足，因而发病。在连续高温强光天气，如夜温过高会突然大面积发生顶枯病。

图 6-160　顶叶干枯

3. 防治方法

（1）放风时要采取大口放风，采取短时间、间断式放风，有条件的可在温室放风口下方加一条塑料棚膜，防止冷空气直接下沉对植株和地温造成剧烈影响。

（2）控制夜温，上半夜 15~20℃，下半夜 10~15℃，防止植株徒长。若顶叶变狭窄，说明夜温过高，要马上降低夜温。

（3）发现病害，要及时叶面喷施 0.3% 的氯化钙溶液补充钙元素。

（二十九）皱皮病（缺硼）

1. 症状　果皮表面龟裂，出现纵向木栓化条纹（图 6-161），逐渐连片（图 6-162），使果实失去商品价值。

2. 病因　此病的发生和缺硼及品种有关。大田作物改种蔬菜后容易缺硼。重茬、连作，有机肥不足的碱性土壤及沙性土壤，干旱、浇水不当，钾肥、氮肥施用过多，施用过多石灰都会导致缺硼或硼吸收困难，使黄瓜发病。皱皮的发生和品种关系显著，欧洲类型黄瓜或其他具有果皮亮绿性状的黄瓜易发生皱皮。

图 6-161　果皮出现纵向木栓化条纹

图 6-162　木栓化逐渐连片

3. 防治方法

（1）科学施肥　改良土壤，秸秆还田，施用厩肥；增施硼肥，如硼砂、硼酸、硼矿泥等；已知缺硼的土壤可每亩施用硼砂或硼酸 1 千克作基肥，也可早期追施硼肥（硼砂溶解慢，可先用温水促溶，然后再进一步稀释使用）；增施磷肥，磷肥可促进硼的吸收；不要施用过多石灰，偏碱性土壤宜使用酸性肥料，如硫酸铵等，以降低土壤 pH 值。

（2）**叶面补硼**　发现病症及时补充硼肥，可以叶面喷施0.1%~0.2%的硼砂或硼酸溶液。

（3）**防止干旱**　不要过于干旱，要适时浇水，防止土壤干燥。

（4）**栽培抗病品种**　发病地区不宜栽培容易发生皱皮病的黄瓜品种。

（三十）缺　镁

1. 症状　从中下部老叶开始发病，严重地块顶部叶片也会发病。初期叶脉间出现褪绿，变成白色或浅黄色，褪绿斑逐渐扩展成片，但叶脉和叶缘多不褪绿（图6-163），因而有人称为"绿环叶"，也有的除了叶脉外通体黄化。

图6-163　叶脉间出现褪绿

2. 病因　一般生育初期并不发病，温室栽培多在采收盛期发病，此时处于低温季节，根系吸收能力弱，但需镁量增加，因缺镁而发病。

（1）**土壤缺镁**　沙土含镁较少；黏土或排水不良会造成镁吸收困难而发病。

（2）**土壤营养失衡**　氮、钾、钙过量施入，导致镁吸收困难；缺磷肥引起镁的吸收能力减弱；缺有机肥导致镁吸收困难。

3. 防治方法

（1）**科学施肥**　改良土壤，秸秆还田，施用充足的腐熟有机肥；避免一次大量施入氮、钾、钙肥，影响镁的吸收；适当增施磷肥；对于缺镁的土壤，可每亩地施用 5 千克硫酸镁作为基肥，也可以选用硝酸镁、氯化镁、钙镁磷肥等作为基肥。

（2）**科学浇水**　避免大水漫灌，要膜下滴灌。土壤湿度过大会降低根系吸收能力，同时镁也会随水流失。

（3）**叶面补镁**　此法效果较快，但肥效不持久，应连续用2~3次。可用1%的硫酸镁或氯化镁溶液喷施叶面，每7天喷1次。

（三十一）氮肥过量

1. 症状　叶片肥大、颜色较深，植株组织柔弱，贪青徒长，植株茂盛，易化瓜，产量降低（图6-164）。

图6-164　叶片肥大，植株茂盛，果实少

2. 病因   氮肥施用过多，促进营养生长，导致枝叶茂盛。营养生长过盛而抑制生殖生长，导致化瓜、产量降低。

3. 防治方法   基肥以腐熟有机肥为主，适量加入磷酸二胺或复合肥等化肥，一般每亩地的化肥施入量在 50 千克以内；进入结果期后，追肥以磷、钾肥为主，间施氮磷钾平衡肥。不可过量施入氮肥。

（三十二）机械损伤

1. 症状   植株的某个部位形成与障碍物形状相近的褪绿斑（图 6-165，图 6-166）。与真菌病害相比，机械损伤造成的病斑上无毛，边界清晰，旁边可找到障碍物。

图 6-165   叶片与架材接触形成白　图 6-166   瓜把与架材摩擦形成白色
　　　　　　色条斑　　　　　　　　　　　　　　　条斑

2. 病因   叶片附近有架材、地面、绑绳等，在风、农事操作的作用下使植株某些部位与这些物体擦碰，最终导致叶片受损。

3. 防治方法 本身对生产危害较小，但不要误诊为真菌病害。

三、虫　害

为害黄瓜的虫害有多种，其中有刺吸汁液的瓜蚜、温室白粉虱和螨类；潜叶为害的美洲斑潜蝇；为害砧木与幼苗的野蛞蝓等。虫害可直接影响产量、商品性，还可传播病菌，造成多种病害发生，给黄瓜生产造成极大损失。

（一）瓜　蚜

瓜蚜俗称"腻虫""蜜虫"。

1. 症状 幼苗期就可发生（图6-167）。以成虫和若虫在嫩茎、嫩尖、叶背上（图6-168）吸食汁液为害，严重时植株表面布满蚜虫。瓜蚜也可为害花器、卷须等部位（图6-169）。植株嫩叶及嫩尖被害后，叶片卷缩，植株生长停滞（图6-170），严重时整株枯死。老叶被害严重时，可导致叶片干枯死亡，造成减产。瓜蚜还能传播病毒病、煤污病等病害。瓜蚜还可为害果实（图6-171），导致果实发黏变色，失去商品价值。蚂蚁喜欢吸食蚜虫的蜜露并放养蚜虫（图6-172），如果发现植株上有蚂蚁，一定要查看是否有蚜虫发生。

2. 发生规律 生长繁殖的最适宜温度为16~22℃。温度低于6℃，高于27℃，相对湿度达75%以上，均不利于瓜蚜的生长与繁殖。露地生产在干旱少雨、温度较高的年份，瓜蚜为害较重；相反，雨水较多的年份为害较轻。

图 6-167　幼苗发生蚜虫

图 6-168　瓜蚜多发生在嫩茎、嫩
　　　　　枝、叶背面

图 6-169　瓜蚜为害花器、卷须等

图 6-170　瓜蚜为害嫩尖

图 6-171　瓜蚜为害果实

图 6-172　蚂蚁吸食蚜虫蜜露

3. 防治方法

（1）**农业防治**　及时清除寄主杂草；培育无虫苗。

（2）**生物防治**　保护或放养天敌。天敌有七星瓢虫、异色瓢虫、草蛉、食蚜蝇、食虫蝽、蚜茧蜂等。

（3）**物理防治**　育苗及保护地栽培覆盖防虫网；栽培区张挂黄板诱蚜或用银灰地膜避蚜。

（4）**化学防治**　发现蚜虫及时用药防治，保护地用烟剂防治效果较好，可每亩每次用杀蚜烟剂 400 克，每 7~8 天熏 1 次，连用 2~3 次。喷雾防治可用 10% 吡虫啉可湿性粉剂 2 500 倍液，或 50% 抗蚜威可湿性粉剂 2 000~3 000 倍液，或 15% 哒螨酮乳油 2 500~3 500 倍液，或 20% 甲氰菊酯乳油 2 000 倍液，或 3% 啶虫脒乳油 1 500 倍液。以上药剂要交替使用，每 5~6 天喷 1 次，连喷 3~4 次。喷洒时应注意喷施植株上部和叶背面，尽可能喷射到虫体上。

（二）温室白粉虱

白粉虱俗称"小白蛾"，是保护地黄瓜主要害虫之一。

1. 症状　以成虫和若虫吸食植物汁液，导致叶片褪绿、变黄、萎蔫，严重时全株枯死。可分泌蜜液，污染叶片和果实，传播病毒病、煤污病等病害，降低产量和商品性（图 6-173）。

2. 发生规律　在北方只能在温室内越冬。成虫有趋嫩性，总是在植株上部产卵。繁殖的适温为 18~21℃，在温室条件下约 1 个月完成 1 代。当露地黄瓜定植后，白粉虱可以由温室迁入露地。白粉虱由春季至秋季种群数量持续发展，夏季的高温多雨对其抑制作用不明显，到秋季数量达到高峰，此时危害较重。

图 6-173　温室白粉虱为害黄瓜

3. 防治方法

（1）**农业防治**　育苗前清洁育苗场所，减少虫源；育苗时注意虫害防治，培育无虫苗；定植前清洁栽培场所，减少虫源；不要与白粉虱发生严重的番茄、茄子、菜豆等蔬菜混栽、邻栽，要尽量与白粉虱不喜食的十字花科、百合科蔬菜邻近栽培；清洁田园，及时处理打下的叶片、侧枝及温室内外的杂草，减少寄主。

（2）**生物防治**　在保护地内放养天敌，如草蛉、丽蚜小蜂等。

（3）**物理防治**　育苗及保护地栽培覆盖防虫网；张挂黄板诱杀白粉虱。

（4）**化学防治**　发现虫害及时防治。虫卵防治可喷施10%噻嗪酮乳油 1 000 倍液或 10%吡丙醚乳油 500 倍液。若虫可用 60%吡虫啉悬浮种衣剂 2 000 倍液灌根防治。成虫可用12%达螨异丙威烟剂熏棚。其他可用的药剂包括 2.5%联苯菊酯乳油 3 000 倍液、15%哒螨酮乳油 2 500~3 500 倍液、20%甲氰菊酯乳油 2 000 倍液、30%蚜虱一熏净烟剂等。以上药剂交替使用，每 5~7 天喷 1 次，连喷 2~4 次。喷洒时应注意喷施植株上部和叶背面，尽可能喷射到虫体上。

（三）美洲斑潜蝇

美洲斑潜蝇为世界性检疫害虫，对蔬菜生产危害很大。

1. **症状**　雌成虫刺伤叶片，取食和产卵。卵在叶片中发育成幼虫，潜入叶片和叶柄为害，产生1~4毫米宽的不规则线状白色虫道（图6-174）。叶片被侵入部分，叶绿素被破坏，影响光合作用。严重时整个叶片布满白色虫道，严重影响叶片功能（图6-175），

图 6-174　幼苗受害症状

图 6-175　叶面布满白色虫道

最后受害重的叶片脱落，可造成幼苗死亡、成株减产。

2. 发生规律　以蛹和成虫在蔬菜残体上越冬。幼虫最适活动温度为 25~30℃，35℃以上时成虫和幼虫活动都受到抑制，降雨和高湿条件对蛹的发育不利，所以美洲斑潜蝇在夏季发生较轻，春、秋季节发生较重。

3. 防治方法

（1）**农业防治**　严格检疫，防止该虫扩大蔓延；育苗前清洁育苗场所，减少虫源；育苗时注意虫害防治，培育无虫苗；定植前清洁栽培场所，深翻土壤，减少虫源；合理安排茬口，对虫害重的地区，秋季栽培非寄主或美洲斑潜蝇不喜食的蔬菜，翌年春季再栽培黄瓜。

（2）**生物防治**　在保护地内放养潜蝇姬小蜂、反颚茧蜂等天敌。也可用生物农药防治，可用 1.8% 阿维菌素乳油 3 000 倍液喷施（使用时加入适量白酒可以提高药效），每 7 天喷 1 次，连喷 2~4 次。

（3）**物理防治**　在成虫始盛期至盛末期，每亩设置 15 个诱杀点，每个点放置 1 张诱蝇纸诱杀成虫，每 3~4 天更换 1 次。也可用涂有粘虫胶或机油的橙黄色木板或塑料板诱杀成虫。

（4）**化学防治**　发现虫害要及时用药防治，可喷施 50% 杀螟丹可溶性粉剂 1 000~1 500 倍液，或 40% 阿维·敌敌畏乳油 1 000 倍液，或 1.8% 阿维菌素乳油 2 500 倍液，或 48% 毒死蜱乳油 800~1 000 倍液，或 10% 灭蝇胺悬浮剂 300~400 倍液。以上药剂交替使用，每 7 天喷 1 次，连喷 2~4 次。其中灭蝇胺效果比较好，几乎无抗药性，与阿维菌素合用效果更好。

（四）朱砂叶螨

朱砂叶螨又名红叶螨、红蜘蛛。

1. 症状　朱砂叶螨以若虫或成虫聚集在叶背为害，在叶背面吐丝结网（图 6-176），刺吸植物汁液，并分泌有害物质进入寄主体内，导致寄主生理代谢出现紊乱。黄瓜叶片先出现灰白色或淡黄色小点（图 6-177，图 6-178），严重时整个叶片布满蛛网、呈灰白色或淡黄色（图 6-179），叶片干枯脱落，植株枯死，影响产量。

图 6-176　朱砂叶螨在叶背面吐丝结网

图 6-177　受害叶片正面出现小点

图 6-178　受害叶片背面出现小点

图 6-179　叶面布满蛛网，叶片干枯

2. 发生规律　成虫、若虫靠爬行或吐丝下垂近距离扩散，借风、农事操作进行远距离传播。瓜田受害先是个别植株受害，成为中心受害株，然后成虫、若虫不断繁殖扩散，造成虫害在田间成片发生。高温低湿条件下容易发病，干旱年份容易大发生。

3. 防治方法

（1）农业防治　秋末及时清洁田园，深翻田地，减少虫源与越冬寄主；冬季进行冬灌降低越冬虫口基数；早春清除田边杂草及残枝败叶，减少越冬的虫源；与十字花科或菊科作物轮作、邻栽。

（2）化学防治　发现虫害，及时喷药防治，可用5%噻螨酮可湿性粉剂（对成螨无效）1 500~2 000倍液，或20%双甲脒乳油（对越冬卵无效）1 000~1 500倍液，或73%炔螨特乳油（对卵效果差）2 000~3 000倍液，或35%阿维·炔螨特乳油1 200倍液，或25%灭螨猛可湿性粉剂1 000~1 500倍液，或2.5%天王星乳油1 500倍液。以上药剂要交替使用，每7~10天喷1次，连喷2~3次。

（五）野蛞蝓

野蛞蝓俗称"鼻涕虫""无壳蜓蚰螺"（图6–180），原来主要分布在南方各省，近年来在北方保护地蔬菜生产中也有发生。

1.症状　主要在黄瓜幼苗真叶出现前为害，刮食生长点和子叶，造成生长点消失（图6–181）、叶片缺失（图6–182），对幼苗危害很大。同时会刮食嫁接苗的砧木子叶，造成砧木子叶缺失（图6–183）。

图6–180　野蛞蝓

图6–181　刮食掉生长点，导致仅剩胚轴

图 6-182　刮食子叶，造成子叶缺失　　图 6-183　为害砧木南瓜，造成子叶缺失

2. 发生规律　野蛞蝓怕见光，强光下 2~3 小时即被晒死，多在夜间为害。以成体和幼体在作物根部湿土下冬眠，大部分卵产在湿度为 75% 的土壤中。

3. 防治方法

（1）**农业防治**　清洁田园，铲除杂草，破坏其栖息和产卵场所；休闲季节深翻土壤，使部分越冬虫暴露于地面，减少虫源；人工诱捕，用菜叶、杂草等作为诱饵，清晨前集中捕捉。

（2）**化学防治**　用四聚乙醛配成有效成分为 2.5%~6% 的豆饼粉或玉米粉毒饵，傍晚施于田间诱杀。也可用 10% 四聚乙醛颗粒剂，每亩用 2 千克撒于田间。

（六）瓜 绢 螟

1. 症状　成虫体长 10~11 毫米，翼展 25 毫米（图 6-184），夜间活动。主要以幼虫为害瓜类植物。初卵幼虫具有群集性，在叶背面取食叶肉，遇惊后即吐丝下垂转到其他地方为害；3 龄后幼虫吐丝将叶片左右缀合（图 6-185），或将叶片和嫩梢缀合（图 6-186），匿居其中取食瓜叶；4~5 龄幼虫耐药性强，且食量最大，食量占幼虫期食量的 95％；老熟幼虫主要在瓜架竹竿顶节内、瓜架草索之中作白色茧化蛹。幼虫主要为害黄瓜叶片，将叶片咬成孔洞或缺刻（图 6-187），叶片被咬成的孔洞和黄瓜黑星病症状（参见图 6-14，图 6-15）很相似，要加以区分。幼虫为害叶片严重时仅余叶脉（图 6-188），甚至造成整个叶片干枯（图 6-189）。幼虫也可蛀入果实或藤蔓为害，影响品质与产量。

图 6-184　瓜绢螟成虫

图 6-185　扒开被缀合叶片，可见幼虫

图 6-186　扒开被缀合的叶片和嫩梢，可见幼虫

图 6-187　幼虫啃食叶肉，造成孔洞

189

图 6-188　危害严重时仅余主叶脉　　　图 6-189　整个叶片枯死

2. 发生规律　主要分布在华东、华中、华南和西南各省，在北方仅在保护地生产中发生。幼虫发育的适宜温度为26~30℃，适宜空气相对湿度为 80%~84%。成虫多在夜间活动，一般将卵产在叶背面。

3. 防治方法

（1）**农业防治**　清洁田园，减少越冬虫口数量；设置防虫网，减少外界成虫进入棚室的机会；发现害虫可人工摘除，在幼虫期可将卷叶摘除，集中处理，消灭匿居其中的幼虫。

（2）**生物防治**　利用螟黄赤眼蜂等天敌防治瓜绢螟；喷施1%阿维菌素乳油 2 000 倍液防治。

（3）**化学防治**　应该在幼虫 1~3 龄时用药，4 龄后耐药性增强，效果不好。可喷施 5%氟虫腈悬浮剂 1 500 倍液或 20%氰戊菊酯乳油 2 000 倍液防治。

（七）蓟　马

1. 症状　成虫或若虫锉吸黄瓜嫩梢、嫩叶、花和幼果的汁液。被害嫩叶、嫩梢变硬缩小，植株生长缓慢，节间缩短。在叶片上会留下多角形白色病斑，病斑分布较均匀，其中有的病斑较小（图6-190）、有的病斑较大（图6-191）。花朵受害，

图 6-190　锉吸叶片后形成白色小病斑

会造成花瓣不均匀褪色。雌花受害，柱头上形成很多凹陷点（图6-192）。幼果受害变硬，造成落瓜，影响质量和产量。

图 6-191　锉吸叶片后形成较大病斑　　图 6-192　花瓣不均匀褪色，雌花柱头形成很多凹陷点

2. 发生规律　主要分布在华东、华中、华南和西南各省，在北方仅在保护地生产中时有发生。幼虫发育的适宜温度为26~30℃，适宜空气相对湿度为80%~84%。成虫多在夜间活动，一般将卵产在叶背面。

3. 防治方法

（1）**农业防治** 彻底清洁田园，减少寄主和虫源；避免和瓜类、豆类、茄果类蔬菜间作、套作。采用薄膜覆盖代替禾草覆盖。

（2）**生物防治** 利用小花蝽等天敌防治蓟马；喷施0.5%楝素杀虫乳油1 500倍液或2.5%鱼藤酮乳油500倍液防治。

（3）**物理防治** 保护地设置防虫网，减少外界成虫进入棚室机会；悬挂蓝板诱杀蓟马。

（4）**化学防治** 应早期防治，可喷施25%噻虫嗪水分散剂6 000倍液，或10%吡虫啉可湿性粉剂2 500倍液，或25%吡·辛乳油1 500倍液，或5%氟虫腈悬浮剂2 500倍液，或10%氯氰菊酯乳油2 000倍液，或2.5%多杀霉素悬浮剂1 000~1 500倍液。每10天喷1次，连用2~3次。其中吡虫啉和多杀霉素联用效果最好。

（八）圆 跳 虫

1. 症状 主要为害幼苗子叶，取食叶肉，造成子叶上布满白色小斑点（图6-193），病斑呈薄纸状，严重的可穿孔（图6-194）。也可为害真叶，造成真叶穿孔（图6-195）。注意与苗期黑星病相区别，苗期黑星病造成的穿孔一般较小、孔周围可有黄色晕圈；圆跳虫为害的穿孔较大，孔可为白色薄纸状。

2. 发生规律 主要在春季育苗时发生。成虫在土块下或落叶中越冬。气温17~22℃、地温22~30℃，适宜圆跳虫生存。温度过高、过低，虫量均明显减少。该虫喜欢湿度适中的环境条件，干燥或多雨对其不利，大风也影响其活动。

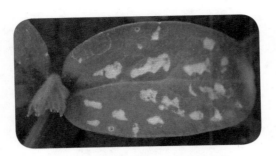

图 6-193　幼苗子叶上布满白色病斑

图 6-194　病斑呈薄纸状，严重的可穿孔

图 6-195　为害真叶造成真叶穿孔

3. 防治方法

（1）农业防治　为害重的瓜田要及时进行秋翻地，减少虫源。

（2）**化学防治** 发现虫害时，喷施90％晶体敌百虫700倍液，或5％顺式氰戊菊酯乳油3 000倍液，或2.5％溴氰菊酯乳油2 500倍液。

（九）甜菜夜蛾

1. 症状 可在叶片上看到外覆白色绒毛的卵块（图6-196）。以幼虫为害，老熟幼虫体长约22毫米，体色多变（图6-197）。初期幼虫在叶背面吐丝结网聚集，在网内取食叶肉，留下表皮，形成透明的小"天窗"；3龄后幼虫取食叶肉可造成穿孔或缺刻（图6-198）。严重时将叶片食成网状，仅余叶脉和叶柄。3龄以上幼虫可为害花器、嫩尖、果实等部位。

2. 发生规律 由北向南1年发生4~7代。华东、华北地区发生4~5代，热带和亚热带地区全年发生繁殖。以蛹在土室内越冬。越冬蛹发育温度起点为10℃。成虫发育活动最适温度为20~23℃，有趋光性、假死性，昼伏夜出。幼虫发育历期11~39天。老熟幼虫入土吐丝筑室化蛹。蛹历期7~11天。

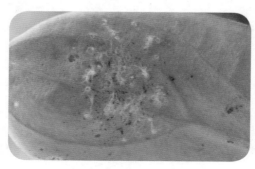

图 6-196 外覆白色绒毛的虫卵

图 6-197　幼虫形态

图 6-198　初期幼虫取食叶片形成仅留表皮的
小"天窗"，后期可造成叶片穿孔

3. 防治方法

（1）**农业防治**　秋冬季深翻土地，消灭越冬蛹，减少田间
虫源；春季清除田间及附近杂草，消灭部分初龄幼虫。

（2）**物理防治**　采用光灯诱捕器或性诱剂诱杀成虫。

（3）**化学防治**　宜在清晨或傍晚进行。3 龄前可喷施 3%
莫比朗乳油 1 000~2 000 倍液或 10% 多来宝悬浮剂 1 500~
2 000 倍液。3 龄后可喷施 24% 甲氧虫酰肼悬浮剂（美满）
1 500~2 000 倍液或 10% 溴虫腈悬浮剂（除尽）1 200~1 500
倍液。

195

参考文献

［1］宋铁峰. 黄瓜无公害标准化栽培技术［M］. 北京：化学
工业出版社，2009.

［2］宋铁峰. 黄瓜病虫害防治彩色图说［M］. 北京：化学工
业出版社，2010.

［3］王久兴，张慎好，等. 瓜类蔬菜病虫害诊断与防治原色图
谱［M］. 北京：金盾出版社，2003.

［4］王久兴，朱中华. 蔬菜病虫害防治图谱［M］. 北京：中
国农业大学出版社，2002.

［5］方秀娟. 黄瓜无公害高效栽培［M］. 北京：金盾出版社，
2004.

［6］李金堂. 黄瓜病虫害防治图谱［M］. 济南：山东科学技
术出版社，2010.

［7］吕佩珂，苏慧兰，高振江，等. 中国现代蔬菜病虫原色图
鉴［M］. 呼和浩特：远方出版社，2008.

［8］吕印谱，马奇祥. 新编常用农药使用简明手册［M］. 北

京：中国农业出版社，2004.

[9] 徐映明，朱文达. 农药问答 [M]. 北京：化学工业出版社，2004.

[10] 王永成，宋铁峰，张鹏. 图说棚室黄瓜栽培关键技术 [M]. 北京：化学工业出版社，2015.